추천사

남과 북이 평화 협력 시대를 여는 것은 시간문제라는 인식이 확대되고 있다. 그런데 과연 우리는 오랫동안 적대적 공생 관계였던 상대와 함께할 준비가 되었을까? 기성세대의 '반공주의'는 여전히 강고하고, 반공주의 프레임 속에 성장한 젊은이들은 상대를 알고 있지도, 알려고 하지도 않는다. 이 책이 필요한 이유다. 평양의 도시와 건축을 담은 매력적인 사진들과 짧은 글, 다소 시니컬한 피코 아이어의 서문과 오랜 시간 평양을 지켜본 닉과 올리버의 글은 더도 덜하지도 않게 상대의 진면목을 알려 준다. 그래서 이 책 속의 평양은 낯설다. 낯설기 때문에 불편한 마음이 들 수도 있지만, 불편함을 넘어서는 용기가 평화 협력 시대를 여는 출발점이 될 것이다.

_**안창모**(경기대학교 건축학과 교수)

모델 시티 평양

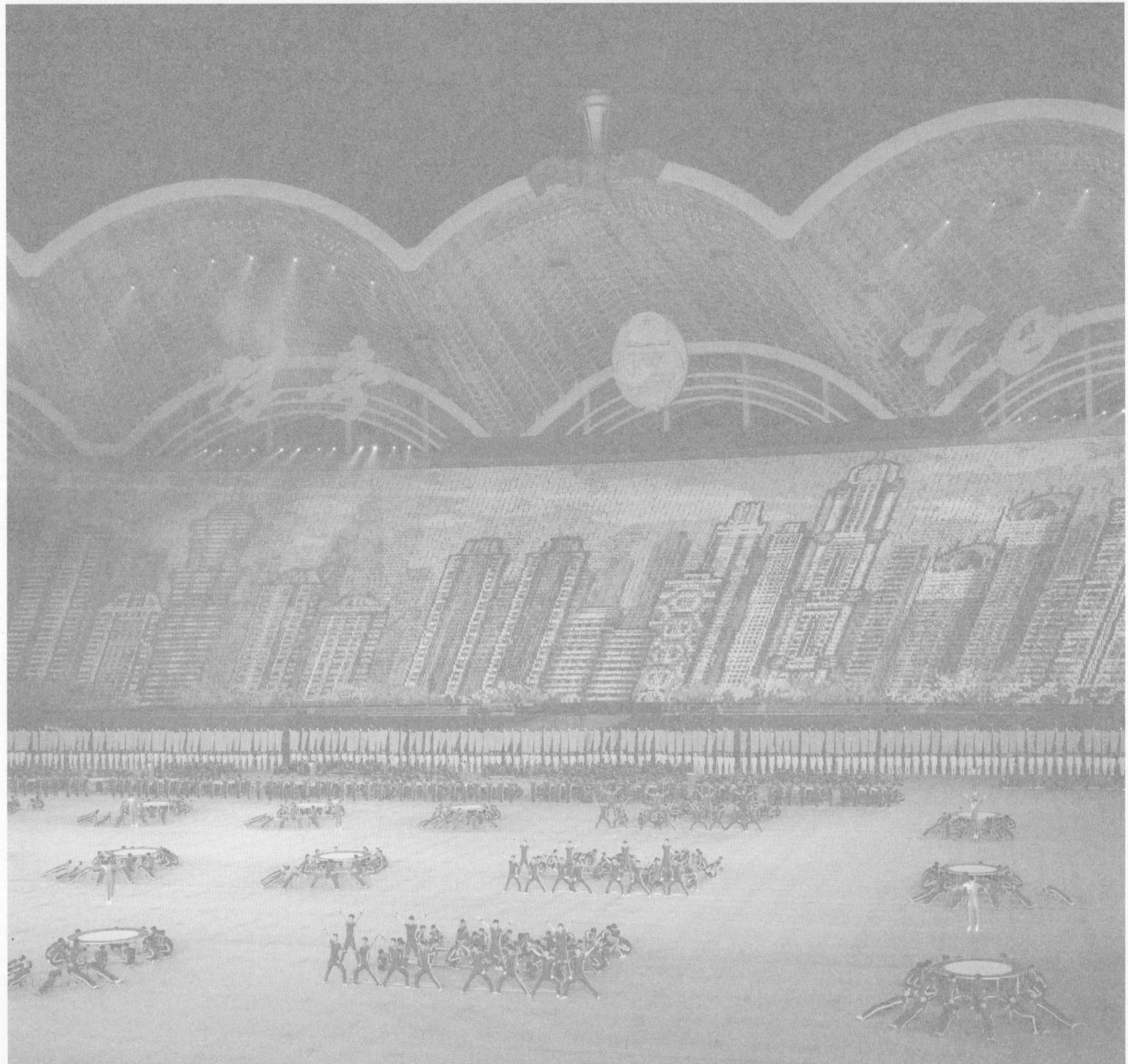

크리스티아노 비앙키,
크리스티나 드라피치 지음

조순익 옮김
안창모 감수

모델 시티 평양

완벽한 도시를 꿈꾸는 북한의 건축물

MODEL CITY PYONGYANG

SIGONGART

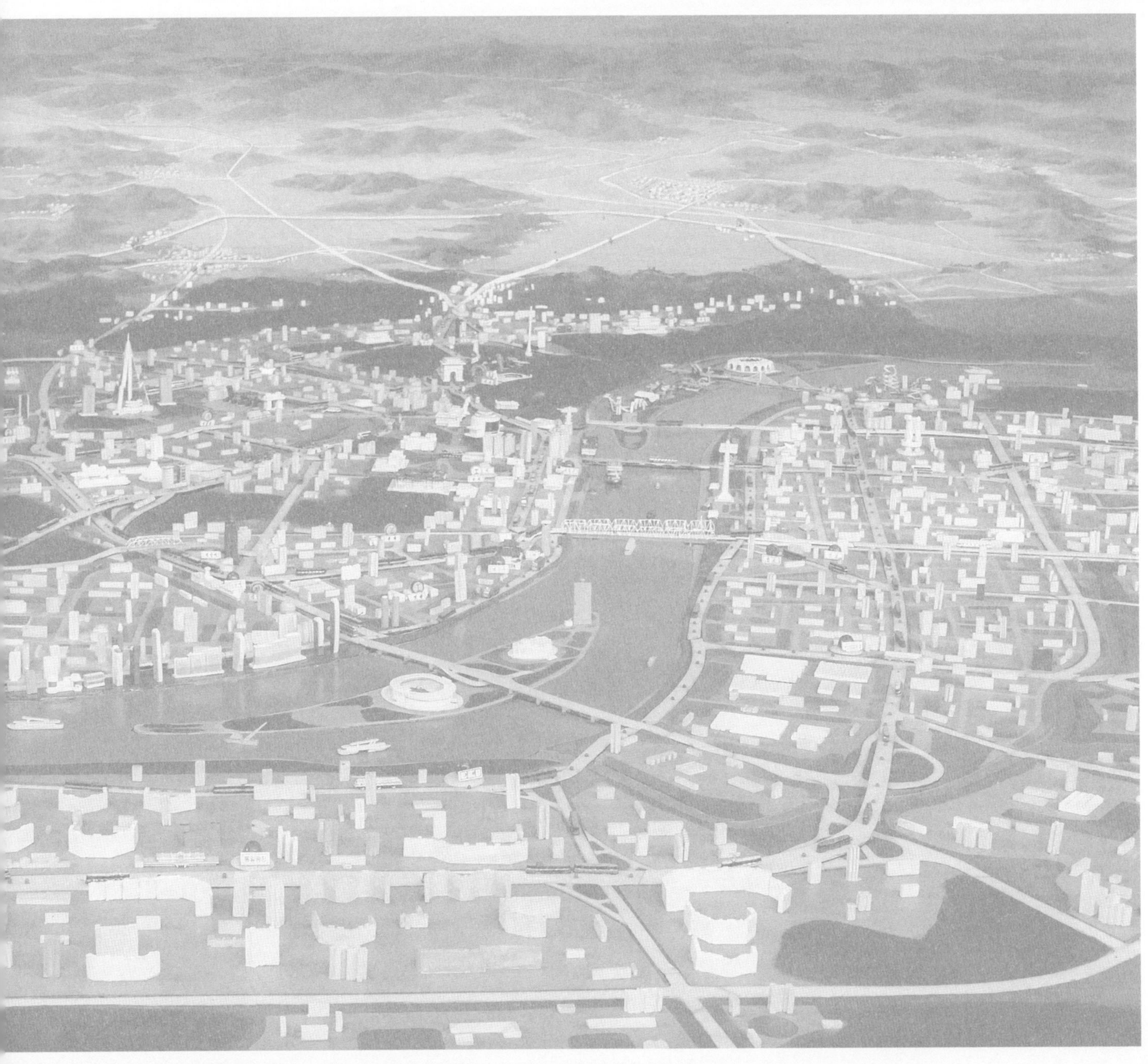

청사진들의 청사진

피코 아이어Pico Iyer

몇 년 전 백두산건축연구원 주변을 거닐던 나는 고대부터 현대까지 전 세계에 지어진 모든 거대 건축물의 사진이 걸려 있는 것을 보고 충격을 받을 수밖에 없었다. 세계의 모든 건축학도들이 거장들의 작품을 학습하지만, 여기서는 북한 수도의 똑똑한 젊은 디자이너들이 세계의 경이로운 건물들을 복제할 뿐만 아니라 더 크게, 더 좋게, 더 새롭게 만들도록 독려 받는다는 느낌이 들었다. 만약 당신이 다른 누군가가 만든 작품을 모조리 복제할 수 있고 그의 기존 작품을 능가할 수도 있다면, 누가 당신을 뒤떨어졌다고 부를 수 있겠는가?

그것이 김일성 주석의 시대부터 이어져 온 이 나라의 논리라고 나는 생각한다. 이 땅의 도시 계획과 공공 건축은 가장 극적인 수준으로 이루어졌다. 북한을 대표하는 이 도시에서 운전하다 보면 파리 개선문보다 10미터 더 높은 개선문을 지나 환한 색의 스포츠센터와 영화관을 만나게 되고, 마치 어떤 건축용 청사진 안에 들어와 있는 듯한 느낌을 쉽게 받을 수 있다. 모든 것이 원래 의도한 모습을 그대로 재현하고 있으며, 종종 자동차도 다니지 않는 대로들에는 없는 게 없어 보인다. 없는 것은 오로지 삶의 신호뿐이다.

모든 서양인들은 조선민주주의인민공화국이 김일성 주석과 그의 일가가 창건하고 건설한 것임을 잘 알고 있다. 하지만 대부분의 서양인이 2천5백만 인구의 이 나라에서 이루어지는 일상생활과 입이 떡 벌어지는 이곳 건축의 이면에 놓인 개념에 대해서는 너무나 무지하다는 사실에 나는 종종 충격을 받는다. 기껏해야 서양인들은 우주 항공기처럼 생긴 105층짜리 관광호텔(오른쪽 페이지 사진)과 휘황찬란한 지하철역, 놀이공원, 우주 시대에 만들어진 듯한 극장에 대한 얘기를 들어봤을 뿐이지만, 나는 이 책을 읽은 후에야 비로소 그 거대한 설계 기획과 방식의 이면에 놓인 상징성을 인식하게 되었다. 예컨대 기념비적인 동상들은 해가 뜨는 동쪽을 향하고 있다.(*평양의 지리적인 특성상 건축물들은 대부분 동향이다.)

이런 이유로 인해 나는 평양이라는 도시의 축선과 그것의 착시 그리고 신의 시점에서 내려다보는 도시적 메시지들을 해체적으로 재구성하는 이 책의 시도에 감사를 느낀다. 거의 소문과 의견을 통해서만 인식하던 한 나라에 대해, 이 책은 더없이 반가운 내용을 우리에게 전해 준다. 평양의 즉물적 토대를, 그리고 겨우 65년 전만 해도 대부분 돌무더기였던 곳에 세워진 초현실적 구축물들을 중립적이고 구체적이면서도 건축적으로 정확하게 해설해 주기 때문이다.

나는 1990년 처음 북한을 방문했던 때를 결코 잊지 못할 것이다. 당시 베이징에 있을 때 얼핏 버려진 곳으로 보이던 건물 옆을 지나간 적이 있는데, 건물의 출입문을 따라 사진들이 있었고 북한 수령의 사진들은 더 많이

걸려 있었다. 이곳이 틀림없이 북한 대사관일 것이라 생각하고 건물 안으로 걸어 들어가 한 담당관에게 나의 영국 여권을 제시했다. 그는 북한이 영국과 외교 관계를 수립한 적이 없지만 나의 방문을 환영한다고 했다. 그러고는 3일 후에 다시 찾아오면 3일이나 5일 또는 7일간 평양을 여행할 수 있게 해 주겠다고 했다. 나는 72시간 후에 다시 그를 찾아갔고 그의 약속은 지켜졌다. 얼마 지나지 않아 나는 북한 가이드와 함께 평양을 관람하고 있었다. 가이드는 4년간 파키스탄에서 우르두어를 배우며 북한 바깥 세계를 보아 온 사람으로, 지적이고 영어 실력이 뛰어났다.

그때 북한 체제가 얼마나 절박하게 경화硬貨(*국제 지불 수단인 금이나 미국 달러 등의 국제 통화와 교환할 수 있는 통화)를 필요로 하는지, 또한 얼마나 간절하게 좋은 인상을 주고 싶어 하는지를 처음 느꼈다. 이 도시를 실제로 경험할 때 느끼는 아름다움은 그 모든 거칠고 즉물적인 동상과 이론의 이면에서 인간적인 무언가를 엿보는 순간에 찾아온다. 예컨대 양각도국제호텔 지하에 있던 세 개의 슬롯머신이라든가(이건 대체 뭘 의미하는 것이었을까?), 지하철 객차에서 처음 만난 나와 영어로 쾌활하게 대화하던 친근한 사람들이라든가(그들은 정부가 고용한 일반인으로 가장한 연기자들이었을까?), 환하게 빛나던 마천루들 안에 자리한 객실에는 실제로 얼마나 많은 손님이 묵었을까? 이제껏 내가 읽어본 북한 관련 글 가운데 그 세계를 제대로 알려 준 글을 한 번도 접하지 못한 나로서는 여기서 결론만큼이나 많은 질문을 떠올리게 되었다.

이 경험은 내게 유용했다. 왜냐하면 이제껏 스탈린주의 이데올로기를 생각할 시간을 많이 가져보지 못했고, 그와 비슷한 체제들이 라사(*티베트의 수도)와 하노이와 양곤에서 어떤 모습을 만들어 냈는지를 보았기 때문이다. 하지만 북한은 마르크스-레닌주의를 교본으로 삼아 모든 계율을 완벽하게 실행에 옮겼고, 북한 고유의 특수한 브랜드인 민족주의와 광신주의를 융합한 최종 생산물을 만들어 냈다. 나는 1987년부터 2013년까지 정기적으로 쿠바를 방문하는 동안 무너져 가는 구조물들의 아름다움과 희미해져 가는 영광에 놀라움을 느낀 적이 있다. 반면에 티 하나 없는 거리와 완벽하게 유지 관리되는 전시관, 그리고 공적 통합의 과시를 자랑하는 평양은 더없이 다른 모습이었다. 흥미롭게도 이 도시에서 느껴지던 기율과 공동체 정신에 대한 강조는 내가 30년 넘게 살았던 나라인 일본을 떠올리게 했다.

물론 20세기는 모델 도시의 전성기였다. 예컨대 사회주의 이상도시로 계획된 오스카 니마이어의 브라질리아부터 르 코르뷔지에의 찬디가르, 미국 플로리다 주의 디즈니 타운인 셀레브레이션, 그리고 경박한 포스트모던 정취가 느껴지는 두바이까지, 모두 이상적 모델을 표방한 도시 일색이었다. 현대의 상하이가 영감을 취하는 원천은 확실히 평양과 그리 다르지 않다. 언젠가 비행기를 타고 평양에서 (베이징과 오사카, 샌프란시스코를 거쳐) 라스베이거스로 날아간 나는 두 도시가 가치와 지향의 측면에서 극단적 차이가 있음에도 유토피아로 제조되었다는 점에서는 비슷하다는 인상을 받았다. 물론 북한의 수도는 어느 정도 전시용 도시로서, 시내를 찾는 시민들이 경외심을 느끼도록 유도하지만 실제로 그곳에 살 수 있는 사람은 소수의 특권층뿐이다. 때로는 인간적인 장소 감각이 사라진 규모의 표현을 보게 되고 (거대한 동상들 앞에서 절하는 사람들을 보라) 높은 데서 감상하도록 지어진 혼

치 않은 도시라는 점에서, 평양은 쉽게 잊을 만한 곳이 아니다.

이 책을 읽다 보면 결국 평양의 외관을 일군 사상적 배경에 대한 명확하고 꼼꼼한 설명을 접하게 된다. 그러다 보면 북한 체제가 재현하는 대상에 놀랄 뿐만 아니라, 질서 정연하게 인공물을 배치하는 방식에도 놀라게 된다. 이는 광저우나 도쿄나 서울에서 내가 본 어떤 장면보다도 더 빈틈없는 2차원 전경을 만들기 위한 노력이다. 방금 말한 도시들은 모두 테마파크 같은 느낌을 줄 뿐만 아니라 복제품이 원본만큼이나 강력한 힘을 발휘한다는 점에서 평양과 매우 비슷한 면이 있으나, 한 사람의 비전을 실현하는 수준에서는 조선민주주의인민공화국의 수도를 능가하는 곳이 없다. 북한 사람들에게 기회와 자원이 주어진다면 그들이 과연 무슨 성과를 이룰 수 있을지 자연스레 궁금해진다.

나는 1985년에 보았던 베이징의 거리를 아직도 기억한다. 오늘날의 평양과 외관부터 상당히 닮아 비슷한 느낌을 주는 거리였다. 물론 당시의 베이징 거리에는 평양의 상징이 되어버린 인적 없는 오싹한 고층 건물이 없었지만 말이다. 최근 평양을 방문했을 때는 드넓은 유령 도시인 조선예술영화촬영소를 둘러보다가 지역의 인기 영화인 〈청춘이여!〉를 보았다. 비벌리힐스에 있을 법한 고급스런 붉은 벨벳으로 장식된 상영관에서 본 영화는 단호한 목소리가 쩌렁쩌렁 울리는 거대 교회에 온 느낌을 줬다. 감동적이진 않았지만, 그 건물과 합창단의 열정적인 모습은 나의 뇌리에 영락없이 박혀버렸다.

^ 만수대대기념비

유명한 이야기이지만, 북한에서는 어디서 환상이 끝나고 어디서 진짜 삶이 시작하는지를 분간하기 어렵다. 나는 최근 이 나라를 다시 찾아 또 다른 놀라움을 느꼈다. 서른여섯 개 레인의 볼링장과 피자 가게가 있을 뿐만 아니라 무엇보다 휴대 전화를 쓰고 있지 않은가. 물론 온갖 규제가 이뤄지긴 하지만 그래도 휴대 전화는 이 사회에 실세계의 단편들이 스며들 수 있게 해 주는 수단이다. 설령 방문객이 여기서 보고 듣는 모든 생활이 기획된 것이라 할지라도, 휴대 전화는 고립된 이 나라에 좀 더 숨통을 열어 준다. 흰색 샤넬 머리핀을 꽂은 가이드가 스물여섯 살 미혼 여성으로서 자신이 겪는 문제를 얘기하거나, 북한 사람이 애플사의 제품 관리자에게 팀 쿡과 스티브 잡스의 비전이 어떻게 다른지를 자세히 따져 묻는 모습을 좀 더 쉽게 보고 들을 수 있게 해 준 것이다.

심지어 그렇게 조율되는 단편적 장면들은 멀리서 파악되는 그 어떤 것보다 생생하고, 유튜브에 나오는 그 어떤 영상보다 복잡하다. 그래서라도 나는 늘 친구들에게 우리가 전혀 모르는 나라들을 방문해 보라고 하거나, 이런 책에 나오는 광복거리나 통일거리부터 먼저 탐방해 보기를 권하곤 한다. 어느 시점이 되면 북한은 더 넓은 세계에 합류할 수밖에 없고, 그때는 이런 건물들이 더 이상 단순한 전시품이나 광고가 아니라 사람들이 실제로 거주하는 장소가 될 것이다. 그런 도시를 외면할수록 우리는 더욱더 무지에 빠질 수밖에 없고, 그럴수록 더 많은 사람들이 외로운 공간에 고립당하는 끔찍한 운명에 처하게 될 것이다.

모델 도시

크리스티아노 비앙키Cristiano Bianchi, 크리스티나 드라피치Kristina Drapić

우리는 2015년 7월 고려관광사의 도움을 받아 평양을 처음 방문했다. 여행 이후에는 이곳이 보유한 문서와 장서, 예술품 컬렉션을 전부 이용할 수 있는 기회도 얻었다. 그리고 이듬해에 평양을 다시 찾았다. 이번에는 조선도시연맹의 도움을 받았는데, 덕분에 평양 건축을 더 깊이 연구했고 평양건축종합대학 교수들도 만날 수 있었다. 2018년에는 사진 촬영을 마무리하려고 평양을 다시 찾았다. 이때는 외국인에게 공개된 적 없고 한 번도 출판되지 않은 경우가 대부분인 건물들의 출입 허가를 받았다.

1차 방문 이후 고려관광사의 닉 보너Nick Bonner가 우리에게 물었다. 건축가로서 평양이 아름답다고 생각하느냐고 말이다. 단순한 질문인데도 답하기가 쉽지 않았다. (꼭 답을 못할 일은 아니었지만 말이다.) 일단 우리는 이 당황스러운 물음에 답하기를 거부했다. 하지만 유럽인의 이상적 관점을 벗겨낼수록, 이 도시에는 실로 이곳만의 이상한 아름다움이 있다고 느꼈다. 평양은 모든 건축가가 은밀히 열망하는 총체적 계획의 꿈을 구현하는 도시다. 도시 계획 규제나 용적률 지침, 땅값, 그 밖에 현대 건축을 지배하는 모든 제약들을 벗어던진 채 인민의 도시라는 이념으로 되돌아가고, 하나의 일관된 비전 속에서 모든 것이 설계되는 도시다.

새로운 종류의 사회를 위한 '모델 도시'를 설계한다는 생각은 건축의 모든 역사에서 거듭 등장하며 정치 지도자와 건축가가 함께 주장해 온 이념이다. 르네상스 시대에 계획된 소도시인 피엔차와 페라타부터 모더니즘 유토피아인 브라질리아와 찬디가르까지, 모델 도시는 수백 년에 걸쳐 구상되고 건설되어 왔다. 평양도 이런 도시의 한 종류다. 하지만 고립된 나라인 북한은 그동안 이 사회주의 건축의 야외 박물관과 다름없는 도시에 접근할 수 있는 권한을 제한해 왔다. 대부분의 모델 도시는 기존의 도시 조직과 겹치는 방식으로 계획되었거나 시간의 흐름 속에 다양한 이데올로기적 맥락이 생기며 변형되었다. 하지만 평양은 단 하나의 사건인 6·25전쟁(1950–1953) 이후 단 하나의 비전, 즉 '주체사상'으로 알려진 북한 특유의 국가 이데올로기 하에 도심을 철저히 계획하고 재건한 독특한 사례다.

북한의 제2대 지도자 김정일 위원장(1942–2011)이 1991년에 저술한 『건축예술론』은 한 나라가 정치력을 행사하는 데 건축이 얼마나 중요한지를 기술하며, 건물을 통해 시민들에게 이념을 전하는 도시를 짓는 법에 대한 이데올로기적이고 실천적인 지침을 제공한다. 이 책에 요약된 많은 규칙이 평양 전역에 적용되었는데, 축과 대칭이 지배적인 도시 계획뿐만 아니라 스카이라인에서도 그런 규칙이 분명히 드러난다. 예나 지금이나 국가가 모든 건설을 주도하는데, 특수한 공간이나 시야의 틀을 제공하도록 건물의 모양과 높이를 맞춤 설계하는 경우가 많다. 대칭적 배경을 이루는 주거 블록부터 주체사상탑 그리고 최근 개발된 여명거리만 보더라도 그렇다. 3대혁명전

시관의 축선 상에 완벽하게 자리 잡은 타워들은 산의 형상을 그리며 늘어서 있다.

우리는 이 프로젝트를 통해 그러한 특유의 설계 기획을 담아낸 평양 건물들을 기록하고자 했다. 2012년부터 시작된 거대 규모의 개축 프로그램은 많은 주요 건물들의 재설계로 이어졌는데, 이 과정에서 가장 우선시된 것은 보존보다 획일성을 지향한 전략이었던 듯하다. 청동 프레임의 유리 입면은 반사율이 높은 커튼월로, 실내의 테라초 바닥과 모자이크는 드넓게 펼쳐지는 무미건조한 대리석으로 바뀌었고, 장식은 전체적으로 매우 단순해졌다. 결국 각 건물의 성격은 '국제주의 모더니즘'의 버전으로, 달리 말해 최신 건축술의 발전을 과시하는 색색의 번쩍번쩍한 환경으로 환원되었다.

이렇게 옛것을 무시하고 새것을 포용하는 변화는 아시아 문화에서 흔히 볼 수 있지만, 역사 유산을 보존하는 서양의 전통과는 맞지 않는다. 우리는 백두산건축연구원을 방문해 2000년대 초에 국비로 이탈리아 건축 유학을 떠난 10명의 북한 건축가들 중 한 명을 만났다. 그는 고국에 돌아왔을 때 유학 시절에 배운 것처럼 보존 중심의 방식을 적용하자고 제안했다가 이내 그런 생각이 북한 감성에는 너무 이질적인 것임을 깨달았다고 말했다. 우리는 건물들을 가능한 한 원래 모습 그대로 촬영하는 것이 중요하다고 판단했지만, 때로는 이미 너무 늦어버린 경우도 있었다. 멋진 브루탈리즘 양식(*1950년대 영국 건축가 피터·앨리슨 스미슨 부부가 내세운 것으로, 콘크리트의 거친 질감이나 구조, 설비 등을 그대로 노출시켜 내부의 기능을 외부로 드러낸 양식. 르 코르뷔지에의 '거친 콘크리트'를 뜻하는 '베통 브뤼Béton Brut'에서 온 말이며, 스미슨 부부가 원래 쓴 말은 '뉴 브루탈리즘'이다)을 보여 주는 평양국제영화회관은 원래 이 책에서 집중 조명할 대상 중 하나였다. 하지만 2016년에 우리가 이 건물의 사진 촬영을 계획했을 때는 이미 공사가 시작된 지 몇 주가 지난 시점이어서 입장 허가를 받지 못했다. 2년 후에 그곳을 다시 찾았을 때는 콘크리트 입면이 흰색과 회색의 타일로 덮여 있었다.

2016년에 평양빙상관은 내·외부 모두 원래의 디자인을 그대로 유지하고 있었다. 우리가 사진을 찍으러 갔을 때 건물의 낡은 상태를 부끄러워한 관리자 측에서는 바닥 내 균열을 찍지 말라고 요구했다. 우리는 건물이 지어진 지 꽤 됐으니 이런 사용의 흔적은 정상적이고 아름다운 것이라 말했다. 그들은 이 말에 어리둥절해하더니 리노베이션이 곧 시작될 예정이라 우리가 운이 없다고 말했다. 나중에 찾아왔다면 새로운 디자인을 촬영할 수 있었을 것이라면서 말이다. 우리가 떠나기 전에 그들은 리노베이션을 어떻게 하는 것이 가장 좋겠느냐고 의견을 물었다. 그래서 답했다. "모든 걸 보존하세요! 고치되, 바꾸지는 마세요!" 이 말을 농담으로 알아들은 그들의 껄껄거리는 웃음소리가 들려왔다.

이 책은 하나의 다른 세계에 몰입한 놀라운 경험이 만든 결과이며, 평양시의 건축과 도시 공간을 시각적으로 훑는 여정이다. 우리는 순수한 다큐멘터리처럼 접근하기보다 우리가 현장에서 본 것과 우리가 찍은 사진을 통해 추후 느끼게 된 인상들을 전달하기로 했다. 평양을 처음 방문하는 많은 외국인들은 이곳의 건축 환경과 그것의 사회적 소통 방식을 잘 파악하지 못해 난감해한다. 이 도시에 도착한 외국인들은 극장과 현실의 공존을 목격하면서 그간 자신들이 해본 도시 생활과는 완전히 이질적인 경험을 하게 되는 것이다.

^ 조국통일3대헌장기념탑

< 지하철 전승역

게다가 우리는 몇 가지 절대적인 규칙을 준수해야 했다. 수령의 사진이나 그들의 슬로건을 잘라 낼 수 없었고, 주거 건물의 사진 촬영은 (너무 가깝지 않게) 일정 거리를 두고 해야 했다. 사람들을 찍기 전에는 허락을 받아야 했고 군사적인 내용은 전혀 촬영이 불가했다. 때로는 더 좋은 앵글을 잡으려고 도로를 건널 수도 없었는데 무엇 때문에 그랬는지는 분명치 않다. 이런 제한 사항을 따르는 것이 매우 중요했던 이유는 우리가 잘못 행동할 경우 가이드가 책임을 져야 했기 때문이다. 이를 이해하고 이런 규칙들을 색다른 현실 경험의 일환으로 받아들인 우리는 가이드들의 신뢰를 얻었다. 결국 좋은 사진을 찍는데 결정적 차이를 만들어 낼 수 있는 약간의 권리와 더불어 어느 정도 자유를 얻게 되었다.

우리는 이러한 '허구적 현실'을 포착하고 싶어서 북한 예술가들이 수령이나 성스러운 장소를 묘사할 때 사용하는 기법을 본뜨기로 했다. 그들의 예술과 선전에서 무척 인상적인 것은 하늘을 재현하는 방식이었다. 하늘은 단순히 색채의 농담을 서서히 변화시키거나 과도한 채도로 일몰이나 일출을 연출하는 방식으로 재현되었다. 이런 방식에 대한 오마주로서, 우리의 사진들은 고전적인 건축 투시도의 관점을 기반으로 파스텔컬러의 농담법으로 재현한 하늘을 결합한 것이다. 이렇게 결합된 양자의 대비는 현실이 비현실이 되고 비현실이 현실이 되는 시각적 이질감을 만들어 낸다. 사실은 허구로 존재하고, 허구는 사실이 된다.

이 프로젝트의 승인을 받기는 그리 어렵지 않았다. 북한 사람들은 자기들의 건축을 매우 자랑스러워한다. 하지만 허가와 출입증을 받는 과정은 대개 사전에 세심하게 끝마쳐야 했고 상당량의 노동과 인내를 필요로 했다. 이 과정에서 우리는 고려관광사와 조선도시연맹에 큰 신세를 졌다. 하지만 여러 가지 문제가 발생했다. 촬영할 사진 목록을 몇 달 전에 제출했는데도 마지막 순간에 건물 출입이 거부되거나 매일같이 허가 여부가 막판에 바뀌는 바람에 일정을 다시 짜야 했다. 또한 날씨도 좋지 않아 사진 촬영 일정을 바꾸곤 했다.

우리가 왜 조선민주주의인민공화국의 문화적 프로젝트에 처음으로 관여하기로 했는지는 쉽게 답할 수 있는 문제가 아니다. 일단은 단순한 호기심에서 출발한 것이었고, 이후에는 그러한 미지의 주제가 점점 더 흥미롭게 느껴졌다. 하지만 외부에서는 북한을 제재하고 거부하며 고립시켜야 한다는 논리에 동의하는 사람들이 많아서, 때로는 우리의 관심을 의심스럽게 바라보는 경우도 있음을 알게 되었다. 사람들은 종종 새로운 뭔가를 알아내려 하기보다 자기만의 편견과 선입견을 확증하기 위한 질문을 던지곤 한다. 하지만 우리는 여전히 '고립'이라는 조치가 누구에게도 이롭지 않으며 그런 경계와 무관하게 예술과 건축은 문화 교류의 중요한 수단이 될 수 있다고 확신한다. 우리는 직접 다른 뭔가를 탐구하고 이해해 본 경험을 공유함으로써 다른 문화를 이해하는 창을 열고 평양의 건축을 통해 다른 종류의 아름다움을 드러내고자 한다.

∧ 주체사상탑

기념비적 공간

평양의 '기념비적 공간'은 김정일 위원장의 『건축예술론』에서 성문화된 일단의 엄격한 구성 지침들을 따른다. 김정일 위원장은 한 건물의 가치가 그것의 이데올로기적인 내용으로 정의되기 때문에 이런 지침들이 하나의 포괄적 서사를 정립한다고 기술한다. 이 하나의 서사를 구성하는 네 가지 원리(20쪽)가 다양한 규모에 걸쳐 적용되는데, 여기서는 도심(22쪽)과 김일성광장(26쪽), 만수대대기념비(32쪽)를 대표 사례로 제시한다.

기념비적 공간의 원리

초점: 대개는 최고 지도자의 동상이나 초상화, 또는 국가 이데올로기인 주체사상의 상징이 기본적인 중심 요소를 이룬다. 주변 공간이 그러한 초점을 흩뜨리면 안 된다. 중심 요소는 이데올로기적인 내용을 강화하기 때문에 크기도 중요하다.

배경: 배경의 목적은 기념비적 공간의 3차원적 특성을 통제하면서 초점에 이목이 집중될 수 있도록 그 이면의 모든 것을 차단하는 데 있다. 말하자면 전면에서 펼쳐지는 장면의 '무대 배경'을 형성하는 것이다.

틀: 양쪽에 대칭적 요소를 배치하는 식으로 초점을 강화해 이목을 집중시키고 균형감을 통해 존엄함을 자아낼 기본적인 분위기를 마련한다.

축선 정렬: 기념비적 공간의 한쪽을 개방해 그 장면의 이데올로기적인 내용이 미래를 상징하는 지평선 상에 투영될 수 있게 한다.

^ 조선노동당 청사

도심

도심의 초점은 김일성광장으로, 이곳은 평양시의 정치적·문화적 심장이다. 광장 뒤편으로는 솟아오른 남산재 언덕과 일단의 고층 주거 건물들이 배경을 구획한다. 여기에 두 다리가 대칭으로 틀을 형성하는데, 북쪽의 옥류교와 남쪽의 대동교가 그것이다. 옥류교 쪽에서는 2012년에 완공된 창전거리에 줄지은 신축 타워 단지가 거대한 존재감을 뽐내면서 강력한 틀 짓기가 이루어진다. 이 타워 단지들은 강 쪽으로 갈수록 더 높아지면서 만수대대기념비 양쪽에 위치한 두 조각 구역의 모양을 유사하게 반영한다. 주된 기념 공간들이 전통적으로 아침 해를 향하기 때문에, 이 도심 구역은 저 멀리 펼쳐지는 광활한 산맥을 바라보며 동쪽으로 뻗어 나간다.

^ 만경대학생소년궁전의 벽화

∧ 김일성광장

김일성광장

김일성 주석과 김정일 위원장의 초상화가 전면에 걸린 주석단은 공식 행사와 기념식 때 김정은 위원장이 서 있는 곳으로, 광장의 초점을 이룬다. 그 뒤에 있는 인민대학습당은 조선의 전통적인 건축 형태를 10층 규모의 거대한 공공시설로 번안한 건물로, 도서관과 열람실, 강의실 및 서비스 공간을 갖추고 있다. 광장의 양편에는 신고전주의 양식의 건물 네 동이 있는데, 한쪽에는 조선노동당 청사와 조선미술박물관이, 반대편에는 외무성과 조선중앙역사박물관이 서 있다. 동쪽으로는 약 800미터 거리에 주체사상탑이 보인다. 이 탑은 광장에서 볼 때 마치 광장에서 솟아오르는 것처럼 보이지만, 사실은 대동강 건너편에 위치한다. 그 사이에 단을 올려 지은 관람대 때문에 착시 효과가 생기는 것이다.

∧ 주석단과 인민대학습당

< 조선중앙역사박물관

^ 조선미술박물관

^ 광장에서 집단 횃불 행진을 리허설하는 모습

만수대대기념비

여기서 초점은 (1972년 60번째 생일을 맞이해 조각된) 김일성 주석의 동상과
(사망 1년 뒤인 2012년에 증축된) 김정일 위원장의 동상에 단단히 고정되어 있다.
각각의 동상은 높이가 22미터이며, 그 뒤에서 배경을 이루는 조선혁명박물관의 건물 정면에는
백두산을 묘사하는 모자이크 벽화가 자리 잡고 있다.
벽화의 양옆으로는 역시 청동으로 제작된 두 개의 대칭형 조각물이 있어 전체적인 틀을 이룬다.
하나는 1945년 일제 강점의 종식을 기념하는 '항일혁명투쟁탑'이고
다른 하나는 사회주의 혁명을 기념하는 '사회주의혁명 및 사회주의건설탑'이다.
이 조각물들은 길이 50미터, 높이 23미터의 두 깃발 주위에 군집한 119명과 109명의 인물을 각각 묘사한다.
그 방향은 동쪽으로 개방되어 당창건기념탑과 주체사상탑 쪽으로 시선을 이끈다.

< 조선혁명박물관

∧ 항일혁명투쟁탑

김일성장군만세!

^ 사회주의혁명 및 사회주의건설탑

∧ 주체사상탑 쪽을 바라본 모습

축 1 만수대대기념비부터 당창건기념탑까지

만수대대기념비부터 당창건기념탑까지 이어지는 축은 무려 2.1킬로미터로 아주 길기 때문에,
흐린 날에는 끝에서 끝까지 다 보이는 경우가 거의 없다. 당창건기념탑 양옆에 위치한
두 주거 건물의 모양은 축 반대편의 만수대대기념비 앞 조각물들이 높이 들어 올리는 두 깃발의 형태와 비슷하다.
이 주거 건물들은 원래 흰색이었으나, 나중에 그러한 연관성을 강화하려고 붉은색 페인트를 칠했다.
건물들의 옥상에는 백전백승이라는 말이 쓰여 있다. 만수대대기념비에서 이 축선의 반대쪽으로
1.8킬로미터 떨어진 곳에는 유경호텔이 있다.
이 호텔은 거대한 미래주의적 피라미드처럼 솟아올라 아래쪽의 도시를 내려다본다.

^ 당창건기념탑

^ 만수대대기념비

< 당창건기념탑

축 2 김일성광장부터 주체사상탑까지

김일성광장부터 주체사상탑까지 이어지는 축은 길이가 0.8킬로미터이며,
그 너머로 1.3킬로미터 더 뻗어 미완의 축을 이어 간다. 6·25전쟁이 휴전되기 2년 전인
1951년의 제1차 평양 재건 계획에서 이미 가시화된 이 축은 평양시의 지리적·상징적 중심을 표시한다.
김일성광장은 1954년에 완공되어 1987년에 확장되었다.
광장 서쪽 끝에 위치한 인민대학습당(오른쪽 페이지 사진)은 1982년에 완공되었다.
강 건너편에 있는 건물들은 높이가 점진적으로 낮아지면서 주체사상탑을 강조하는 시각적 틀을 형성한다(48–49쪽).
김정일 위원장은 자신의 『건축예술론』에서 기술하기를, 이러한 대칭이 기념비적 공간 내의 균형과
위엄의 감각을 달성하는 데 필수적이며 이데올로기적인 내용을 표현하는 일차적 기능을 수행할 수 있게 해 준다고 말한다.

< 인민대학습당

영광스러운
조선로동당만세!
원히우리와함께계신다

< 김일성광장

일 심

< 주체사상탑

축 3 보통문부터 유경호텔까지

6세기에 지어진 보통문과 미래주의적인 유경호텔을 잇는 축은 규모와 기념비성에 관한 다양한 아이디어들을 은유적으로 드러낸다. 고대 성곽 도시의 서쪽 관문이었던 보통문은 세 번에 걸쳐 (997년, 1473년, 1955년) 파괴와 재건이 이루어졌다.
원래는 일제 강점기에 서울과 베이징을 잇는 고속도로 상에 위치했던 관문으로, 김일성 주석이 여섯 살이던 1919년에 시위자들이 일본 순사에게 살해당하는 장면을 목격한 곳이기도 하다.
이 축의 반대편 끝에 서 있는 유경호텔은 거대한 콘크리트 외피에 유리 커튼월로 이루어져 있어 거의 공상 과학 소설에 등장할 법한 불가사의한 느낌을 전해 준다. 복합 용도로 계획되었고 국제주의와 개방성을 향한 욕망을 암시하도록 설계된 이곳은 사실 1980년대의 중국을 떠올리게 한다. 당시 중국에서도 덩샤오핑이 집권하면서 호텔을 변화의 시험대로 활용했었기 때문이다.

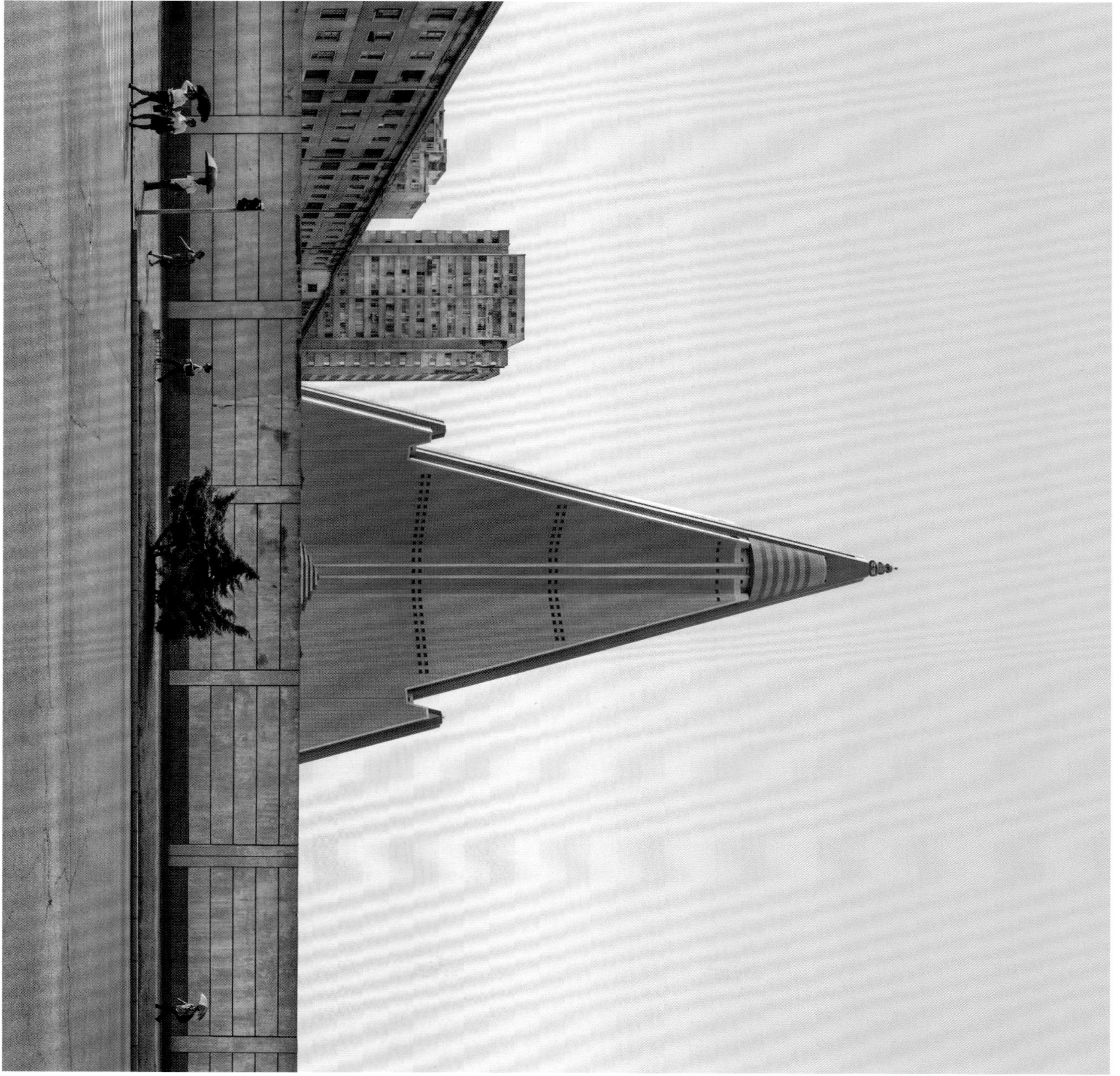

∧ 유경호텔

∧ 유경호텔

^ 보통문

3장

< 유경호텔

도시 속의 도시

평양의 기념비적 축선들을 중심으로 여러 구역에 대규모 공공시설 단지가 형성되어 있다.
여명동 구역의 3대혁명전시관(58쪽)이나 청춘거리(66쪽)가 그에 속한다.
이런 단지들은 저마다 개별적인 '도시 속의 도시'로 계획되었고,
각 건물이 분명히 식별될 수 있게 설계한다는 뚜렷한 목적 하에
매우 상징적인 건축 방식을 취하고 있다.

문화도시 3대혁명전시관

이 문화단지는 김일성 주석의 3대 혁명 노선이자 조선노동당의 기본 수칙인 사상혁명, 기술혁명, 문화혁명을 공식적으로 전시하는 공간이다. 3대혁명전시관의 전신인 산업농업전시관은 1946년에 개관했다가 1956년까지 지속되었고, 1983년에 현재의 형태로 다시 개발된 다음 10년 후 대규모의 증축과 현대화 공사가 이루어졌다.
이 단지를 구성하는 총 면적 8만 제곱미터의 건물 여섯 동은 동서 양쪽으로 길이 750미터에 폭 100미터에 달하는 축선 위에 줄지어 있다.
이 거대한 규모가 내부 전시의 중요성을 강조하고, 각 건물의 옥상에 설치된 개별 로고들은 내부에 전시되는 이데올로기적인 내용을 반영한다.

< 경공업관

^ 전자공업관

전자공업관
면적: 10,000㎡

전자 제품과 자동화 산업, 통신 및 우주 연구, 로봇 기술, 컴퓨터, 광학 및 측정 도구에 관한 전시가 이루어진다. 천문관도 포함하고 있으며, 원자력 에너지의 평화적 용도 연구에 관한 전시 구역도 별도로 마련되어 있다.

경공업관(59쪽 사진)
면적: 15,000㎡

의약품, 의술, 식품 가공, 가구, 가정용품, 신발, 섬유, 화장품, 도시 관리, 산업공해 방지에 관한 전시가 이루어지며, 주로 수공예 섬유로 짠 직물의 개발과 생산에 초점을 두고 있다.

농업관

면적: 10,000㎡

농경법과 농기계에 대한 전시가 주를 이루며, 비료와 가축 사육, 해산물 양식, 간석지 개간, 어업, 수문 기상학, 해양학, 지진학에 관한 전시도 이루어진다. 남극 탐험에 대한 전시 구역도 별도로 마련되어 있다.

새기술혁신관

면적: 10,000㎡

북한 국내의 발명과 신기술 달성에 관해서만 전시가 이루어지며, 외국인에게는 개방되지 않는다.

중공업관

면적: 23,000㎡

채광, 금속 가공, 조선, 건설, 운송, 기계 산업, 토지 개발, 교통에 관한 항목들이 전시된다. 국내 원자재를 활용한 철강 생산 공정을 다루는 전시 구역도 별도로 마련되어 있다.

총서관(64–65쪽)

면적: 11,000㎡

이데올로기적·문화적 혁명의 달성에 관한 전시가 주로 이루어진다. 지도자들이 쓴 저서를 비롯해 사회주의 교육 시스템의 개발, 사회 과학, 예술, 문학, 영화, 체육, 의료에 관한 책들이 전시된다.

총서관

체육도시 청춘거리

이미 북한 사람들에게 중요해진 체육 문화와 체육 활동은 새로운 사회주의 사회를 개발하는 과정에서 널리 장려되었다. 청춘거리의 '체육도시' 단지는 10동의 실내 체육관을 비롯해 축구 경기장, 호텔, 헬스 센터, 식당 등의 시설로 구성된다. 1989년에 평양에서 열린 제13회 세계청년학생축전을 위해 1988년에 1차로 완공된 이후, 1996년에 2차로 완공되었다. 3대혁명전시관의 건물들처럼, 체육도시의 건물도 저마다 개별적인 정체성을 갖는다. 비록 시각적으로는 모두 건축의 형태적 브루탈리즘(*체육도시의 건물은 브루탈리즘을 기본으로 하되, 형태적 면모가 강조되어 '형태적 브루탈리즘'이라고 표현한 것으로 보인다)에 속하지만 말이다. 개별 건물의 디자인은 내부에서 일어나는 활동을 따르면서 그 내용을 외부적으로 전달한다.

< 핸드볼경기관

핸드볼경기관
면적: 10,148㎡
좌석 수: 2,400석

최근 리노베이션 공사로 경기관 정면의 창문 한 줄을 없앴고, 측면에 사선으로 낸 창문 수도 줄였다. 하부는 암적색으로 다시 도장했고, 로고는 사실적 묘사를 줄이고 더 양식화했다.

태권도전당
면적: 17,740㎡
좌석 수: 2,400석

태권도는 전통적인 여러 무술을 혼합한 것이기 때문에, 이 건물은 북한의 역사적 건물에서 자주 발견되는 곡면 지붕과 도자기 타일을 활용한다. 정면에는 김정일 위원장이 손으로 쓴 '태권도'라는 글씨가 보인다.

∧ 태권도전당

배구경기관
면적: 12,250㎡
좌석 수: 2,000석

평양에서 관광객이 가장 많이 방문하는 이 건물은 최근 내벽과 천장에 흡음재를 설치하고 바닥과 좌석에 파스텔컬러를 적용하는 리노베이션 공사가 이루어졌다.

서산축구경기장

면적: 11,700㎡

좌석 수: 25,000석

서산축구경기장은 대부분 조선민주주의인민공화국에서 가장 인기 있는 스포츠인 축구에 활용될 뿐만 아니라 행사 용도로도 쓰인다. 주요 시합들은 김일성경기장이나 양각도축구경기장에서 한다.

역도경기관
면적: 7,180㎡
좌석 수: 2,000석

청춘거리의 많은 건물들처럼 이 건물도 실내에서 일어나는 활동에 기인해 설계되었는데, 여기서는 역기에 달린 원판들을 모티프로 했다. 이 건물의 내부는 영화 〈청춘이여!〉에 등장했다.

배드민턴경기관
면적: 6,300㎡
좌석 수: 3,000석

이 경기장은 셔틀콕 모양에 기초한 팔각형 평면이라는 독특한 개념으로 설계되었으며, 경기 코트를 관람석이 둘러싸는 형태다.

^ 배드민턴경기관

실내수영장
면적: 23,605㎡
좌석 수: 3,400석

리노베이션을 통해 기존의 동판 창틀 유리 입면을 거울처럼 반사되는 초록빛 커튼월로 대체했다. 로고는 원래부터 바다의 파도를 양식적으로 재현한 형태를 활용했다.

레슬링경기관
면적: 10,000㎡
좌석 수: 2,300석

최근 리노베이션을 통해 출입구 양편의 유리 입면과 상부의 타공 콘크리트 스크린을 제거하는 작업이 이루어졌다. 로고 역시 복싱 글러브 두 개로 이루어져 있던 기존 디자인에서 변경되었다.

∧ 탁구경기관

탁구경기관(왼쪽 페이지)
면적: 18,246㎡
좌석 수: 4,300석

레슬링경기관(75쪽)처럼 기존의 투명 유리와 동판 창틀을 반사 재질의 유리 커튼월로 보수했다. 로고도 약간 변형되었다. 이 건물의 디자인은 탁구에서 사용하는 네트를 바탕으로 한다.

농구경기관
면적: 9,905㎡
좌석 수: 2,000석

실내는 원래 창문을 통해 채광이 이루어졌고, 역시 영화 〈청춘이여!〉에 등장한 적 있다. 리노베이션을 통해 이런 유리 창문들을 없앴고, 벽체를 덮고 있던 직물은 목조 패널로 대체했다.

육상경기관(78–79쪽)
면적: 22,766㎡
좌석 수: 4,000석

여기서도 리노베이션을 통해 출입구 양편의 유리와 상부의 타공 콘크리트 스크린을 없앴다. 꽃 모양의 리본 로고도 변경되었다.

^ 육상경기관

사회적 응축기

평양의 고층 주거 건물들은 소련 시절의 '사회적 응축기'라는 러시아 구성주의 이론에 따라 설계되고 건설되었다. 이 이론은 디자인 자체가 거주자의 행동을 규정한다고 주장하는데, 이에 따라 아파트 건물이 새로운 종류의 사회를 위한 무대 배경이 된다.

조국 통일
3대헌장

광복거리

광복거리는 평양에서 가장 야심 차게 진행되었던 주거 프로젝트 중 하나다.
1989년 세계청년학생축전 행사 때 완공된 이곳은 약 260개 건물과 25,000세대의 아파트로 구성되며,
전례 없는 수의 인민에게 주거를 제공해 엄청나게 성공한 프로젝트로 여겨진다.
30층이나 35층 또는 42층의 다양한 구성(삼중 원통형, 이중 Y자형, 타워형 등)으로 설계된
이 거대한 고층 건물들에 사는 거주자들은 주로 조선민주주의인민공화국의 행정 기관과 문화 기관 직원들이다.
고층 건물은 규칙적으로 간격을 띄워 배치되고, 그 사이는 거의 연속의 띠를 이루는 저층 건물들이 메운다.
건물들의 거대한 크기와 간격(거리 폭은 약 120미터다)은 거리보다 낮은 높이에서 일어나는
일상의 평범한 사건들과 반대로 압도적인 규모 감각을 자아낸다.

< 삼중 원통형

< 육각형

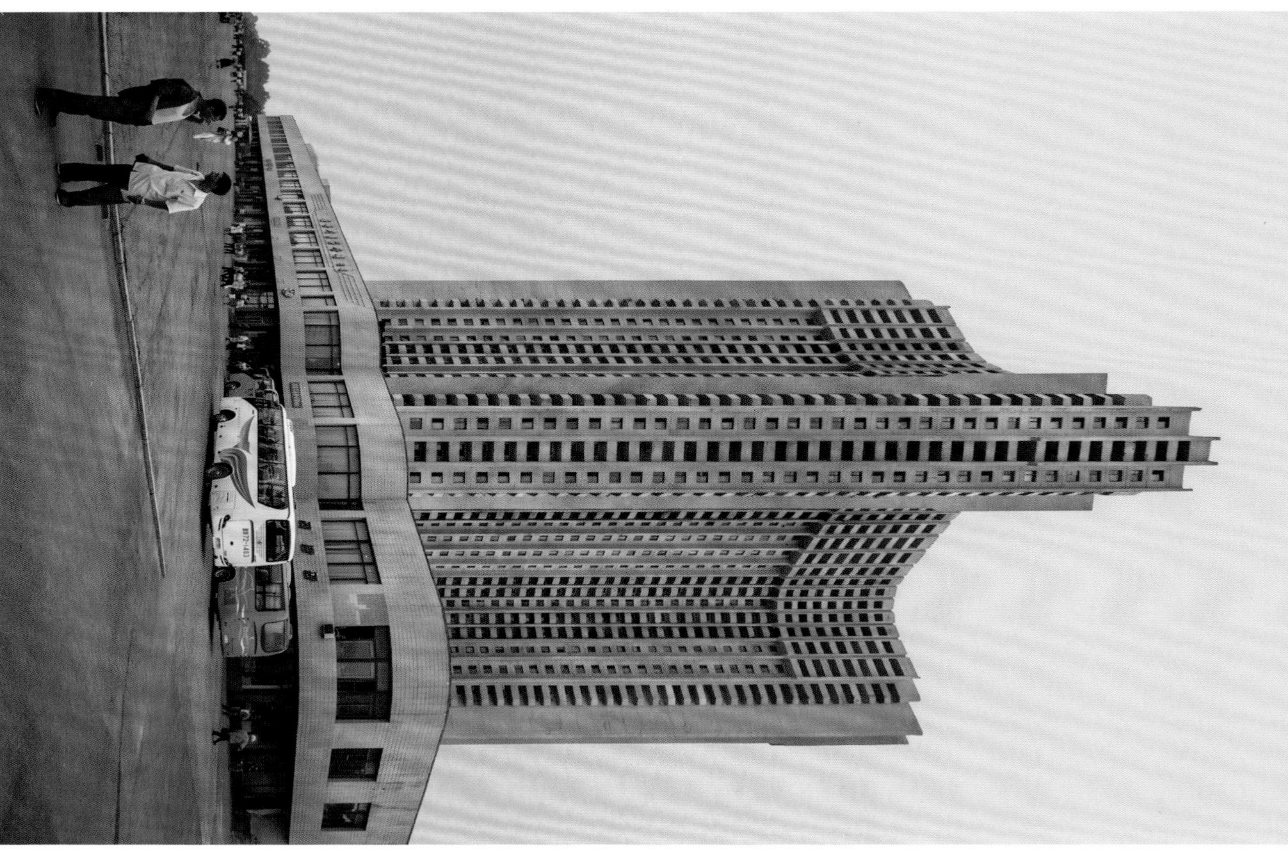

∧ 이중 Y자형

아버지대원수님은영원한우리의해님

< 계단식 곡면형

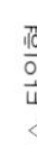

^ 타워형

^ 타워형

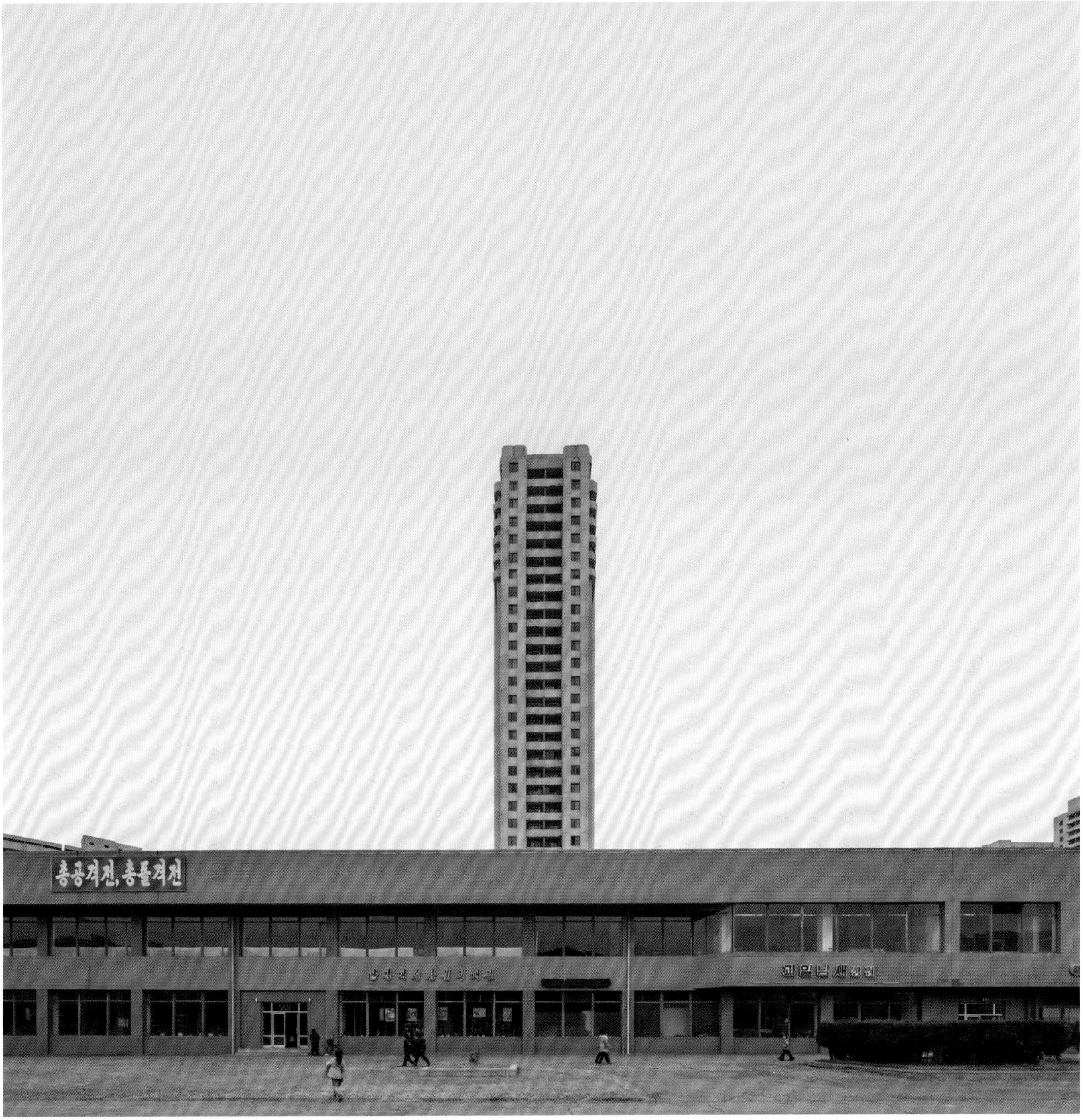

< 타워형

^ 바람개비형

< 바람개비형

통일거리

1992년에 완공된 통일거리는 평양시 남쪽 구역에 개발된 주거 단지로서 평양-개성 간 고속도로의 초입에 위치한다. 이 도로는 사실상 남한과의 국경에 해당하는 (하지만 남북한 모두 인지하지 못하는) 비무장 지대까지 이어진다. 조국통일3대헌장기념탑을 통해 평양시에 진입하면 통일거리에서 광대한 공간의 인상을 받게 되고, 이 도시에서 가장 큰 건물 몇 개가 눈에 띈다. 총면적이 최대 85,000제곱미터에 달하고 약 2천 명을 수용하는 건물들과 함께, 약 200미터에 달하는 가장 넓은 폭의 도로가 이어진다. 광복거리(82-95쪽)와는 달리 이곳의 건축은 더 단순하고 다양성이 떨어지며, 광복거리에서 볼 수 있던 독특한 건물 유형들이 눈에 띄지 않아 더 엄격한 도시 경관을 보여 준다. 원래 계획은 모두 흰색으로 되어 있었지만, 일부 입면을 분홍색과 푸른색, 초록색으로 다시 칠해 부드러운 분위기를 조성했다.

모두다 당 제7차대회 결정관철에로!

주거 프로젝트

평양은 광복거리(82–95쪽)와 통일거리(96–101쪽)의 대규모 단지 말고도 곳곳에 보다 작은 주거 건물이 산재해 있다. 그중 일부는 매우 비범한 구성을 보여 준다. 승리거리의 아파트는 두 날개가 서로 다른 방향으로 굽어지고(104쪽), 당창건기념탑과 같은 특수한 기념비의 틀이 되도록 설계된 아파트들도 있다(108–109쪽). 건물 상단에 슬로건을 크게 달아둔 아파트(106–107쪽)도, 전통적인 조선 건축의 요소를 통합한 아파트(115쪽)도 있다. 콘크리트 입면은 김정일 위원장 집권기인 1990년대에 선명한 파스텔 색조로 채색되었는데, 이런 관행은 김정은 위원장 집권기에도 더 빠른 속도로 계승되어 오면서 평양시의 전경을 색색으로 물들여 가고 있다.

^ 승리거리

∧ 승리거리

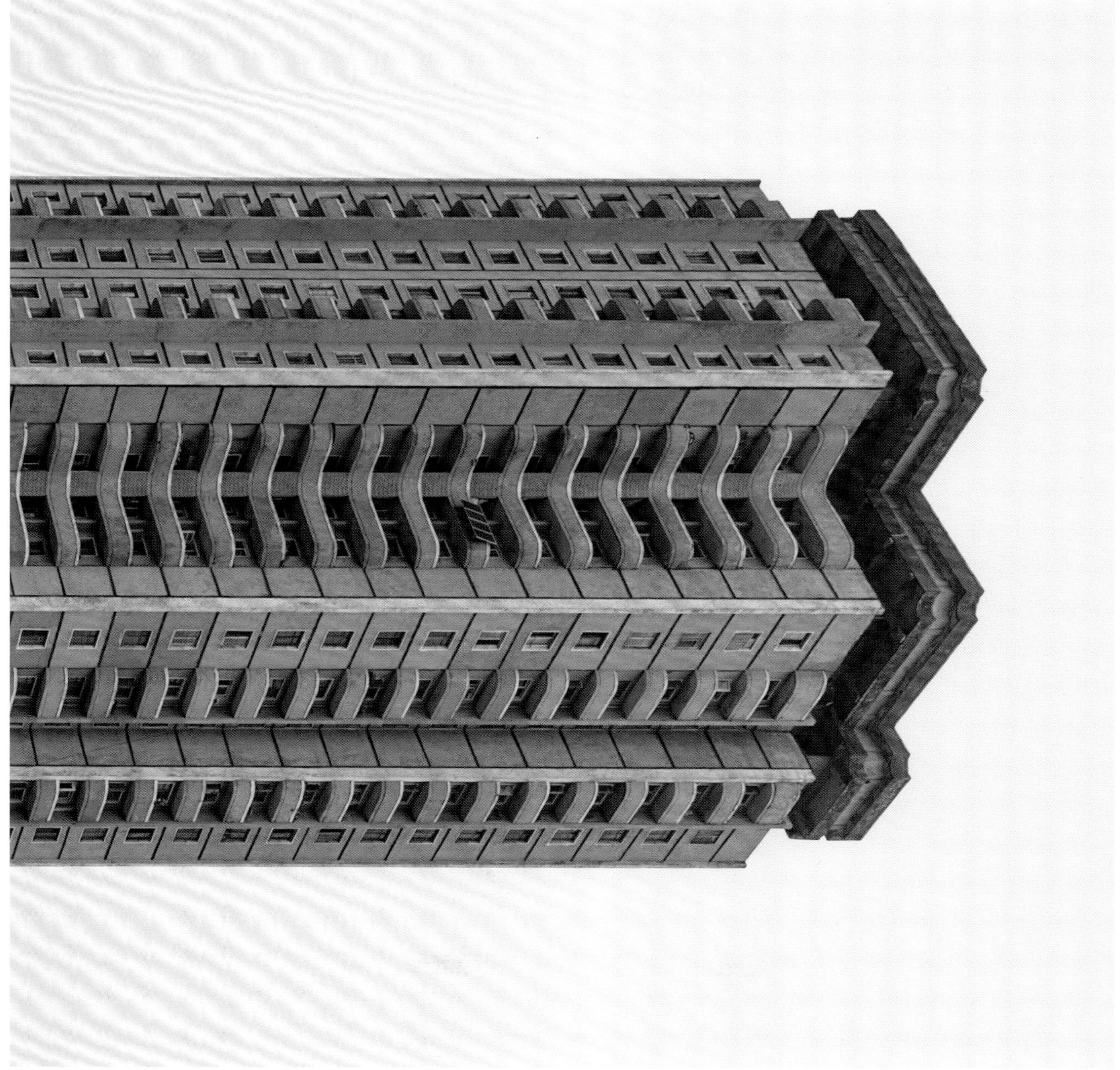

^ 승리거리

영광스러운조선로동당만

문수거리

백 전

< 문수거리

^ 천리마거리

∧ 천리마거리

^ 천리마거리

^ 창광거리

^ 봉화거리

^ 영광거리

아이콘

평양의 도시 경관은 상징성이 강한 건물로 채워져 있으며, 이런 건물은 조선민주주의인민공화국의 한계마저 뛰어넘는 아이콘적인 건축 작품으로 기능해 왔다. 공공시설이나 준공공시설에 해당하는 이런 건물들은 정부 청사부터 박물관, 도서관, 스포츠 경기장, 호텔에 이르기까지 다양한데, 매우 개별적이고 바로 눈에 띌 뿐만 아니라 도시의 시각적 서사를 조성하는 필수 요인이 되고 있다.

영생탑

위치: 금성거리

완공 연도: 1997년

높이: 92m

김일성 주석의 '영생'을 기리기 위해 지어진 건물이다. 도심에서 금수산태양궁전(123쪽)까지 이어지는 6차선 위를 두 개의 아치가 아우르기 때문에, 수령에게 경의를 표하러 가는 사람들은 이 탑 아래를 통과해야 한다.

개선문
위치: 모란봉구역
완공 연도: 1982년
높이: 60m

김일성 주석의 70번째 생일을 맞아 그가 살아온 날의 수를 일일이 표시하는 25,550개의 화강석 블록으로 지어진 이 기념비는 김일성 주석이 1945년에 일제 강점의 종식을 알리는 첫 연설을 했던 자리에 세워졌다.

조국통일3대헌장기념탑(120–121쪽)
위치: 통일거리
완공 연도: 2001년
높이: 30m

김일성 주석이 내세운 통일안들을 기념하는 건축물이다. 이 건축물은 전통 한복을 입은 두 명의 한민족 여성을 보여 주는데, 각각 북한과 남한을 상징하는 두 여성은 몸을 앞으로 뻗어 통일 한국의 지도가 그려진 구球를 함께 들고 있다.

< 조국통일3대헌장기념탑

평양실내체육관
위치: 천리마거리
완공 연도: 1973년
면적: 20,167㎡

체육 행사와 공연에 이용되는 건물이다. 2014년에는 전직 NBA 선수들과 북한 국가 대표팀 간의 농구 경기가 열렸고, 다큐멘터리 영화 〈어떤 나라*〉에 나온 집단 체조가 진행된 곳이기도 하다.

---

*영국의 대니얼 고든이 감독한 이 다큐멘터리 영화의 영어 제목인 'A State of Mind'는 우리말로 '어떤 나라'로 번역되었지만, 다른 한편으로는 '정신이 지배하는 국가'나 '어떤 정신의 상태'를 연상시키며 하이데거 철학에서 말하는 '심경'을 의미하기도 한다.

금수산태양궁전
위치: 여명거리
완공 연도: 1976년
면적: 10,700㎡

원래 김일성 주석의 공관이었으나 그가 사망한 뒤 영묘로 변경된 건물이다. 김정일 위원장 사망 이후 두 지도자를 모두 안치하는 형태로 다시 리노베이션되어 2012년에 재개관했다.

인민대학습당(124–125쪽)
위치: 김일성광장
완공 연도: 1982년
면적: 100,000㎡

평양 도심의 중심축에 위치한 중앙도서관이자 주체사상을 연구하는 국립 센터다. 사회 전체를 지성적으로 만들려던 김일성 주석의 목적 하에 계획되었다.

< 인민대학습당

주체사상탑

위치: 대동강

완공 연도: 1982년

높이: 170m

김일성광장의 바로 맞은편 대동강 동측에 위치한 이 탑은 김일성 주석의 70번째 생일을 기념하기 위해 지어졌다. 위로 올라갈수록 가늘어지는 150미터 길이의 화강석 첨탑은 흰 석재로 마감하고 그 위에 빛나는 금속 횃불 모형을 얹었는데, 세계에서 가장 높은 첨탑 중의 하나다. 탑의 하부에는 망치와 낫과 붓을 든 세 인물이 조선노동당의 휘장 모양을 만들고 있는 동상이 있다(오른쪽 페이지).

∧ 주체사상탑

^ 김일성광장에서 단체로 무용을 하는 모습

< 당창건기념탑

< 당창건기념탑

당창건기념탑
위치: 문수거리
완공 연도: 1995년
높이: 50m

(126쪽의 주체사상탑에서도 볼 수 있는) 망치와 낫과 붓을 든 세 주먹은 조선민주주의인민공화국을 구성하는 세 집단인 노동자와 농부 그리고 지식인을 나타낸다. 수십 미터에 달하는 높이는 조선노동당 창건 50주년을 나타내며, 띠를 이루는 216개 블록과 42미터의 내측 직경은 김정일 위원장의 생일인 1942년 2월 16일을 가리킨다. 이전까지 이 탑과 강 사이에서 있던 건물들은 만수대대기념비와 유경호텔까지 이어지는 시각 축을 열기 위해 철거되었다.

평양역

위치: 역전거리
완공 연도: 1958년
면적: 10,700㎡

서부와 동부 철도를 따라 중국과 러시아로 이어지는 북한의 주요 철도 역사다. 서울로 연결되는 물리적 경로가 존재하지만, 서비스는 이루어지지 않는다. 이 역은 6·25전쟁 이후 1958년에 재건되었다.

동평양대극장
위치: 문수거리
완공 연도: 1989년
면적: 62,000㎡

6·25전쟁 이후 미국이 문화적인 목적으로 북한을 최초로 방문한 해인 2008년에 뉴욕 필하모닉이 공연한 곳이다. 최초의 입면과 실내 장식의 대부분은 2005년에 화재로 소실되었다.

평양교예극장(134–135쪽)
위치: 광복거리
완공 연도: 1989년
면적: 54,000㎡

수많은 운동 행사가 열리는 곳으로 몇몇 영화에도 등장한 이 건물은 2015년에 리노베이션이 이루어졌다. 실내 디자인 중 곡예사를 묘사한 테라초 바닥과 모자이크 등 많은 부분이 화강석과 벽토로 만든 신고전주의 장식으로 대체되었다.

< 평양교예극장 >

< 청년중앙회관

청년중앙회관
위치: 문수거리
완공 연도: 1989년
면적: 59,900㎡

1986년 내부 공모전을 열어 김정일 위원장이 선정한 이 디자인은 뚜껑을 연 피아노와 아코디언을 나타내는 붉은색 지붕 요소들로 정의된다. '피아노' 부분 밑에 대극장이 있고, '아코디언' 부분 밑에는 강당이 있다.

평양빙상관

위치: 천리마거리

완공 연도: 1982년

면적: 25,000㎡

스케이트 선수의 헬멧 디자인을 모델로 설계된 6,000석 규모의 평양빙상관은 이 도시에서 가장 눈에 띄는 건물 중 하나다. 매년 2월에 백두산상 국제 피겨 축전이 열린다.

^ 창광원

창광원
위치: 천리마거리
완공 연도: 1986년
면적: 37,548㎡

이 건물은 미용실(평면 내 원형)과 목욕탕(정사각형), 수영장(직사각형)을 덧붙인 모양으로 설계되었다. 이러한 디자인은 사회주의 모더니즘의 국지적 변이이자 일종의 '브루탈리즘 장식주의'로서, 타일과 유리벽돌, 모자이크, 대리석, 벽지를 활용해 놀랍도록 다채로운 실내를 구성한다. 원형 출입 로비의 테라초 바닥에는 선대 지도자들을 표상하는 김일성화와 김정일화(후자는 베고니아 유형이다)가 묘사되어 있다. 창광원은 하루에 16시간 개관하며, 한 번에 최대 16,000명까지 이용이 가능하다.

창광원

^ 창광원

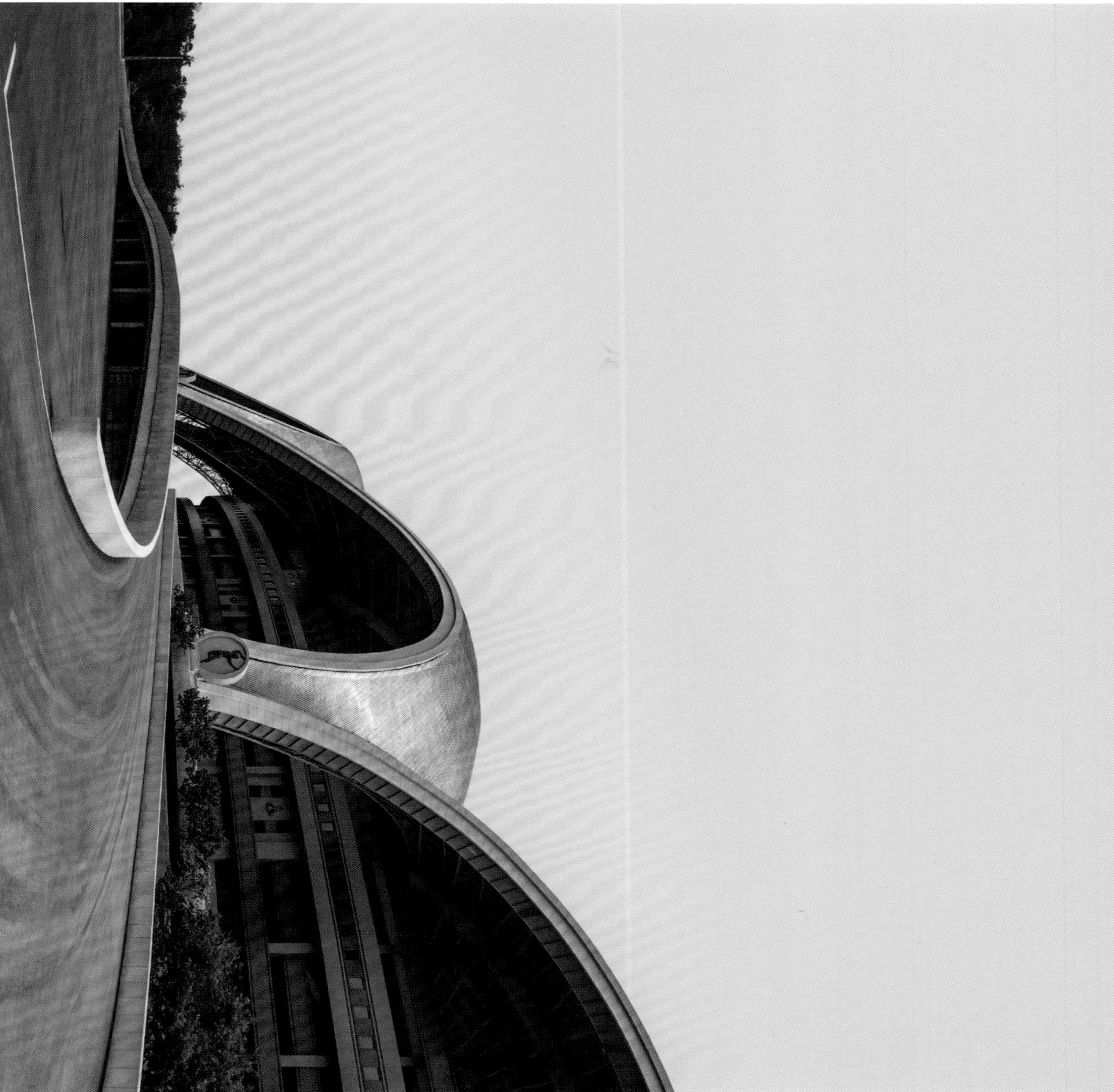

∧ 5월1일경기장

5월1일경기장
위치: 능라도
완공 연도: 1989년
면적: 207,000㎡

유명한 집단 체조를 주로 주최하는 장소로 알려진 이 원형 경기장은 건설 당시만 해도 세계에서 가장 큰 경기장 중 하나였으며, 이 경기장을 구성하는 16개의 포물선 아치는 총 길이 60미터의 캐노피를 만들어 관람석 대부분을 덮는다. 이 경기장은 강 위에 떠 있는 목련꽃을 재현하는 강력한 디자인으로 도시의 스카이라인에서, 특히 청류교에서 볼 때 상징적인 존재감을 발휘한다. 최근에는 리노베이션을 통해 원래 흰색이었던 입면에 오렌지색 타일이 입혀졌고, 전통적인 실내 장식은 파스텔 컬러가 가득한 색채 계획으로 대체되었다.

< 5월1일경기장

^ 만수대예술극장

만수대예술극장
위치: 서문거리
완공 연도: 1976년
면적: 17,800㎡

이 디자인은 다소 브루탈리즘적인 특성과 매우 장식적인 특성을 모두 지니고 있으며, 반대편에 자리한 인민대학습당(124-125쪽)과 극명한 대위법을 이룬다. 조각 작품은 '눈 내리는 장면'을 연기하는 28명의 여성들을 주인공으로 한다.

개선영화관
위치: 모란봉구역
완공 연도: 1992년
면적: 1,800㎡

개선영화관은 도심에 위치하고 지하철역 옆에 있어서 대중적으로 인기 있는 장소다. 원래 설계상으로는 훨씬 더 브루탈리즘적이고 공리주의적이었던 이 건물은 2012년에 리노베이션이 이루어졌다. 영화는 낮 시간대에만 상영된다.

∧ 개선영화관

^ 평양국제영화회관

평양국제영화회관

위치: 양각도

완공 연도: 1995년

면적: 13,200㎡

북한 제1의 영화·예술·문화 센터로, 모든 것이 김정일 위원장의 강력한 주도로 마련되었다. 1987년부터는 외부 세계와의 적극적 교류를 추구하는 북한의 몇 안 되는 행사 중 하나인 평양국제영화축전을 2년마다 개최해 왔다. 최초의 콘크리트 입면은 틀에 감긴 필름을 연상시키는 회색과 흰색의 도자기 타일로 마감되었다. 실내는 대부분 원안 그대로 남겨 두었지만, 여러 홀 중 하나는 최근에 최신 장비로 업그레이드되어 평양시에서는 최초로 '시네마 바cinema bar'를 갖추었다.

∧ 양각도국제호텔

양각도국제호텔

위치: 양각도

완공 연도: 1995년

면적: 87,870㎡

이 호텔은 대동강에 면한 도심 남부의 삼각형 필지에 자리 잡아 땅 모양을 따라 설계되었다. 이러한 모양과 높이로 인해 이 건물은 도시 전체의 랜드마크이자 준거점으로 기능한다. 프랑스 회사 캄페농 베르나르 건설Campenon Bernard Construction이 지었으며, 두 군데의 외부 유리 엘리베이터를 갖추고 있다. 최상층의 회전식 레스토랑에서는 평양시 전체를 파노라마로 감상할 수 있다.

고려호텔

위치: 창광거리
완공 연도: 1985년
높이: 143m

공상 과학 영화에 나올 법한 이 호텔의 쌍둥이 타워(둘 중 하나만 개관한다)는 평양에서 가장 눈에 띄는 볼거리 중 하나다. 500개의 객실과 5개의 레스토랑, 수영장, 2개의 영화관, 그리고 사적인 엘리베이터로만 접근할 수 있는 3층짜리 비밀 스위트룸을 갖춘 고려호텔은 북한에서 두 번째로 큰 규모로 영업 중인 호텔로서 대개 '비즈니스' 호텔로 여겨진다. 반면에 엔터테인먼트에 초점을 둔 양각도국제호텔(154-155쪽)은 최대 규모인데다 '관광' 호텔로 여겨진다. 고려호텔의 입면은 유광 도자기 타일로 덮어 독창적인 모습이다. 내부는 일부 리노베이션이 이루어졌는데, 따뜻한 색조의 기존 벽지와 직물 그리고 동판이 더 차가운 흰색 대리석으로 대체되었다.

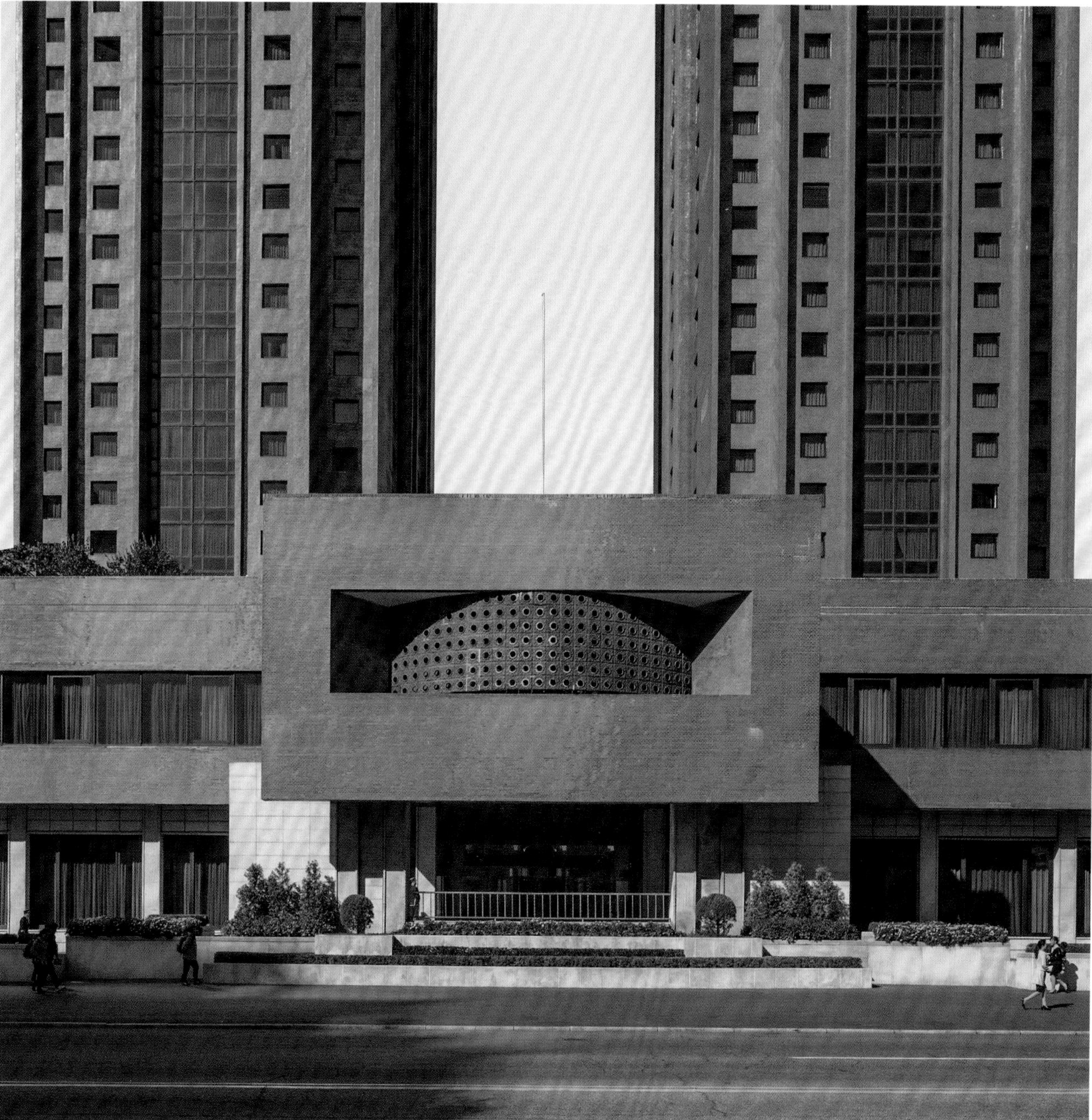

< 고려호텔

청년호텔

위치: 광복거리
완공 연도: 1989년
높이: 120m

1989년 세계청년학생축전을 위해 지어진 이 청년호텔은 30개 층에 걸쳐 520개의 객실을 갖추고 있으며, 광복거리와 청년거리가 내다보이는 전망 좋은 위치에 있다. 이 호텔의 디자인은 원통형을 다트와 유사한 뾰족탑들과 결합하고, 입면은 전통 청자를 연상케 하는 초록색 유광 도자기 타일로 마감되었다. 원추형 유리 돔이 주가 되는 로비는 평양시의 호텔 중 특별한 시설에 속하는 야외 수영장과 햄버거 레스토랑으로 이어진다.

서산호텔(오른쪽 페이지)

위치: 청춘거리
완공 연도: 1989년
높이: 103m

서산호텔은 청춘거리('체육도시')를 내다볼 수도 있는 곳으로, 청년호텔과 동시에 지어졌다. 30층 규모에 객실 510개와 골프 연습장까지 갖추고 있다. 입면은 청년호텔과 유사하게 설계되었으며, 외장재도 유광 도자기 타일로 동일하다. 물론 초록색보다는 테라코타(*유약을 바르지 않고 적갈색 점토를 구운 것) 색상으로 칠해졌지만 말이다.

< 서산호텔

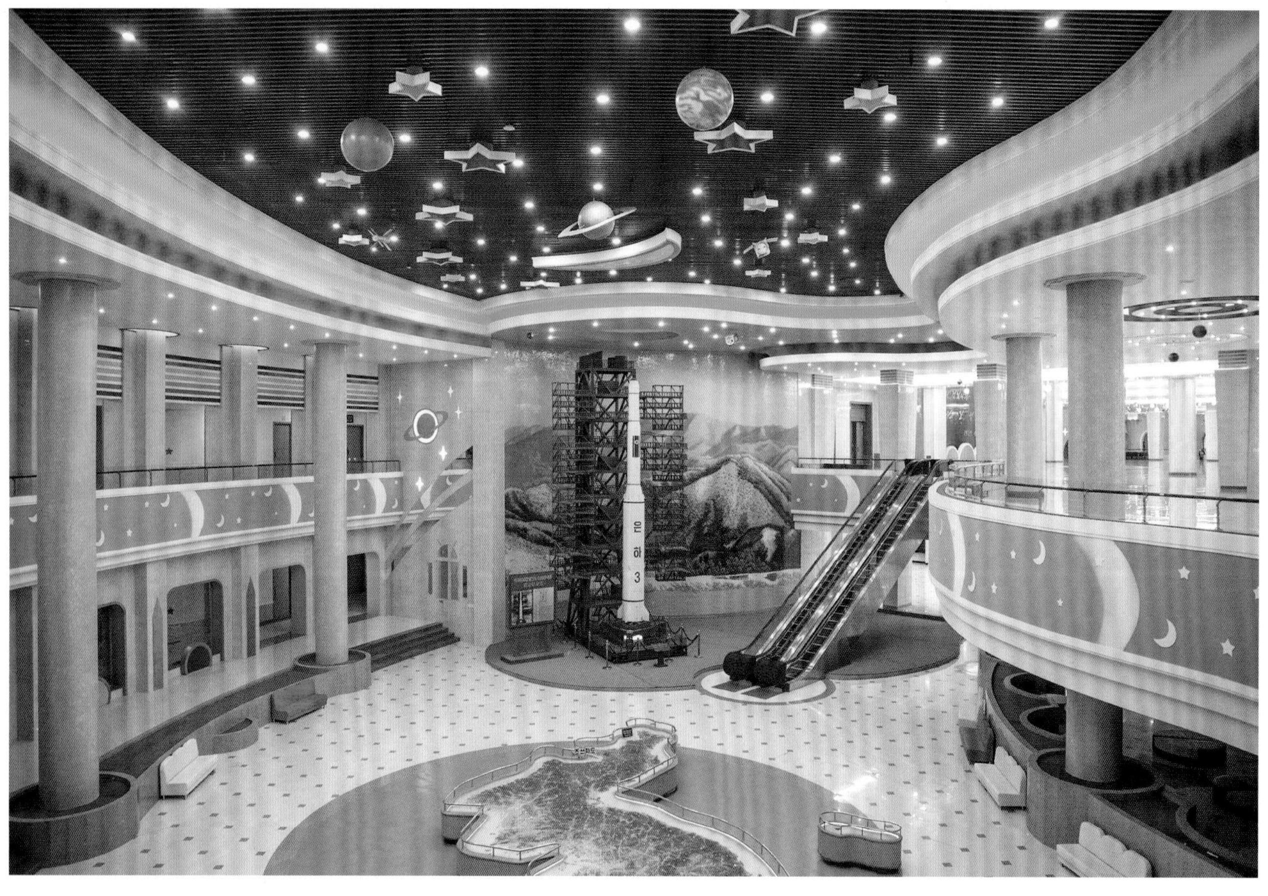

만경대학생소년궁전
위치: 광복거리
완공 연도: 1989년
면적: 120,000㎡

이 공공시설은 아이들이 방과 후 활동에 참여해 음악과 언어, 컴퓨터 기술을 배우고 게임을 할 수도 있는 장소를 제공한다. 북한에서 이런 종류로는 가장 큰 센터이며, 방 120개와 수영장, 체육관, 그리고 2,000석 규모의 극장을 갖추고 있다. 이 건물은 두 날개가 굽은 모양으로 뻗어 나와 광장을 둥글게 에워싸는 형태로 설계되었는데, 이는 지도자들이 아이들을 끌어안아 주는 모양을 상징한다. 2015년에 리노베이션이 이루어졌지만, 입면은 대개 그대로 남아 있다. 하지만 원래 꽤 수수하고 소박했던 실내는 의외로 유희적인 공간으로 변형되어 지극히 높은 채도의 색상으로 가득 채워졌다.

< 만경대학생소년궁전

에 부럼없어라 !

∧ 만경대학생소년궁전

지하의 기념물

평양 지하철 시스템의 두 노선인 천리마선과 혁신선은 1965년과 1973년 사이에 건설되었고, 1987년에는 증축을 거쳐 16개 역을 갖추게 되었다. 초기에 관광객들은 그중 두 개의 역만 방문할 수 있었지만, 오늘날에는 지하철망 내의 모든 역을 방문할 수 있다. 110미터 깊이의 평양 지하철은 연중 온도가 18도로 일정하게 유지된다. 직원들은 군대식 유니폼을 입고, 모든 역사에는 조선노동당 기관지인 『노동신문』이 비치되며, 각 역사마다 조선민주주의인민공화국의 성취를 강조하는 다양한 장식이 되어 있다. (예를 들어, 황금벌역은 농업 장면으로 장식되어 있다. 169쪽 참조.) 지하철이 자국 고유의 기법과 재료와 노력으로 지어졌다는 메시지를 강화하는 인상적인 벽화들도 볼 수 있는데, 그중 일부는 김일성 주석이 노동자들에게 '현장 지도'를 하는 장면을 보여 주기도 한다.

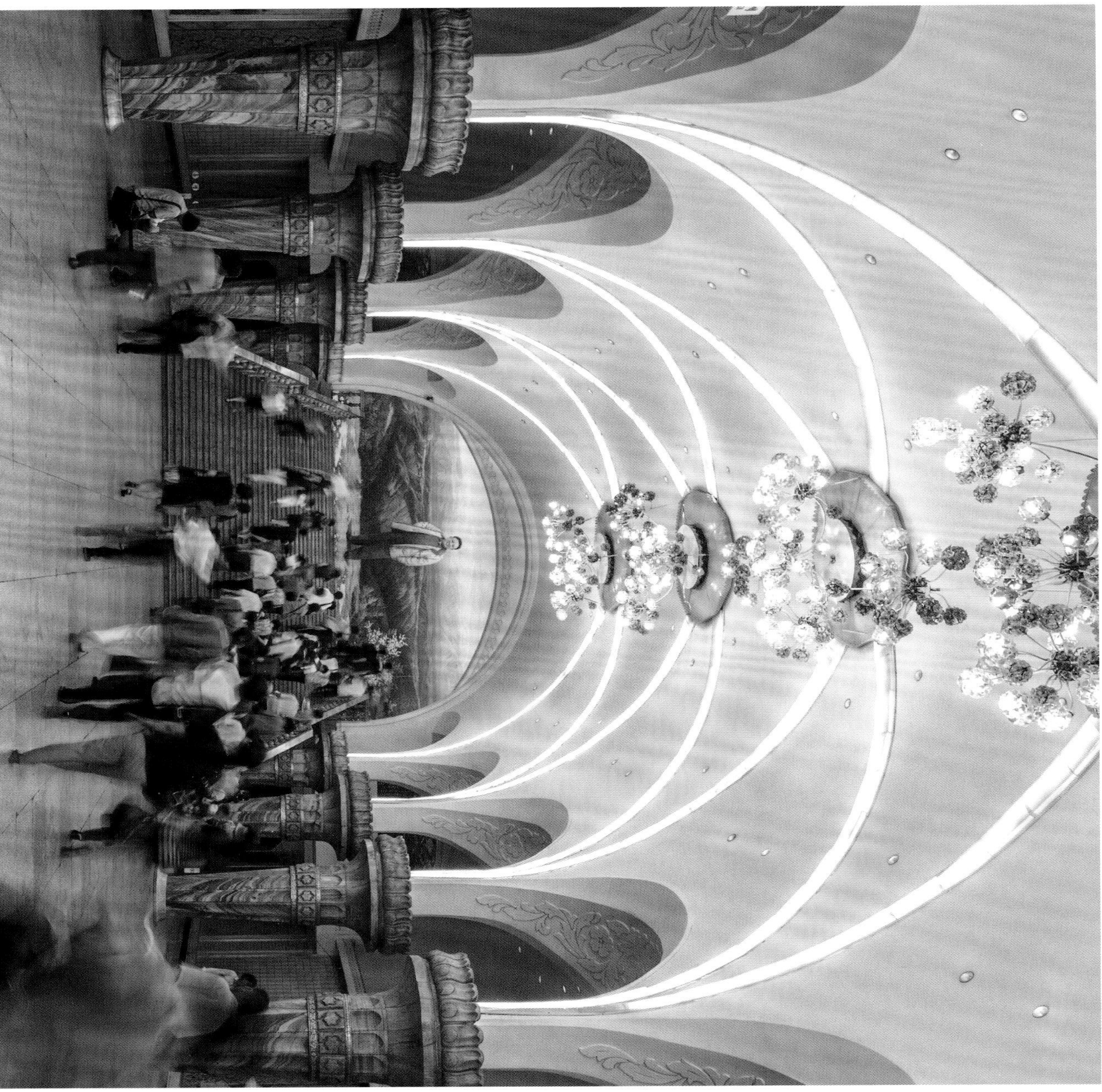

∧ 영광역

지
황금벌역

∧ 부흥역

∧ 부흥역

∧ 황금벌역

< 건국역

< 광복역

위대한 수령 김일성동지는 영원히 우리와 함께 계신다
위대한 령도자 김정일동지는 영원히 우리와 함께 계신다

승리역

평양의 미래

2012년에 김정은 위원장이 최고 지도자가 되면서 평양은 그의 새로운 건축적 비전이 이끄는 강력한 변화의 시대를 맞이했다. 그 결과 나타난 미래주의적이고 장난감 같은 모양과 파스텔컬러가 넘쳐나는 색채 계획(가장 최근의 예로는 여명거리가 그렇다)은 전혀 유례를 찾아볼 수 없는 예기치 못한 도시 환경을 만들어 냈다. 단호하게 미래만을 바라보겠다는 도시의 의도를 선언한 것이다.

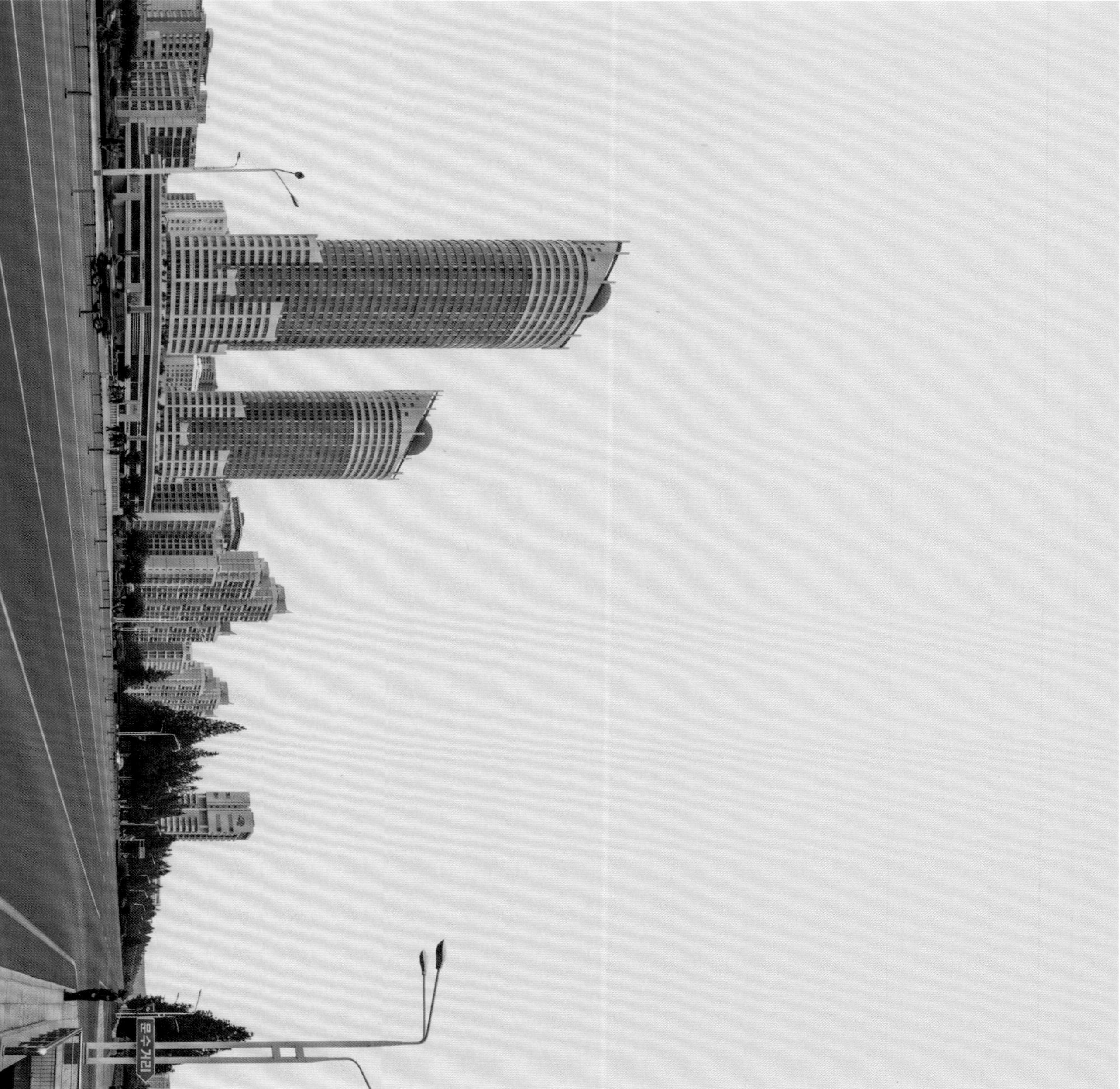

∧ 여명거리

^ 여명거리

^ 여명거리

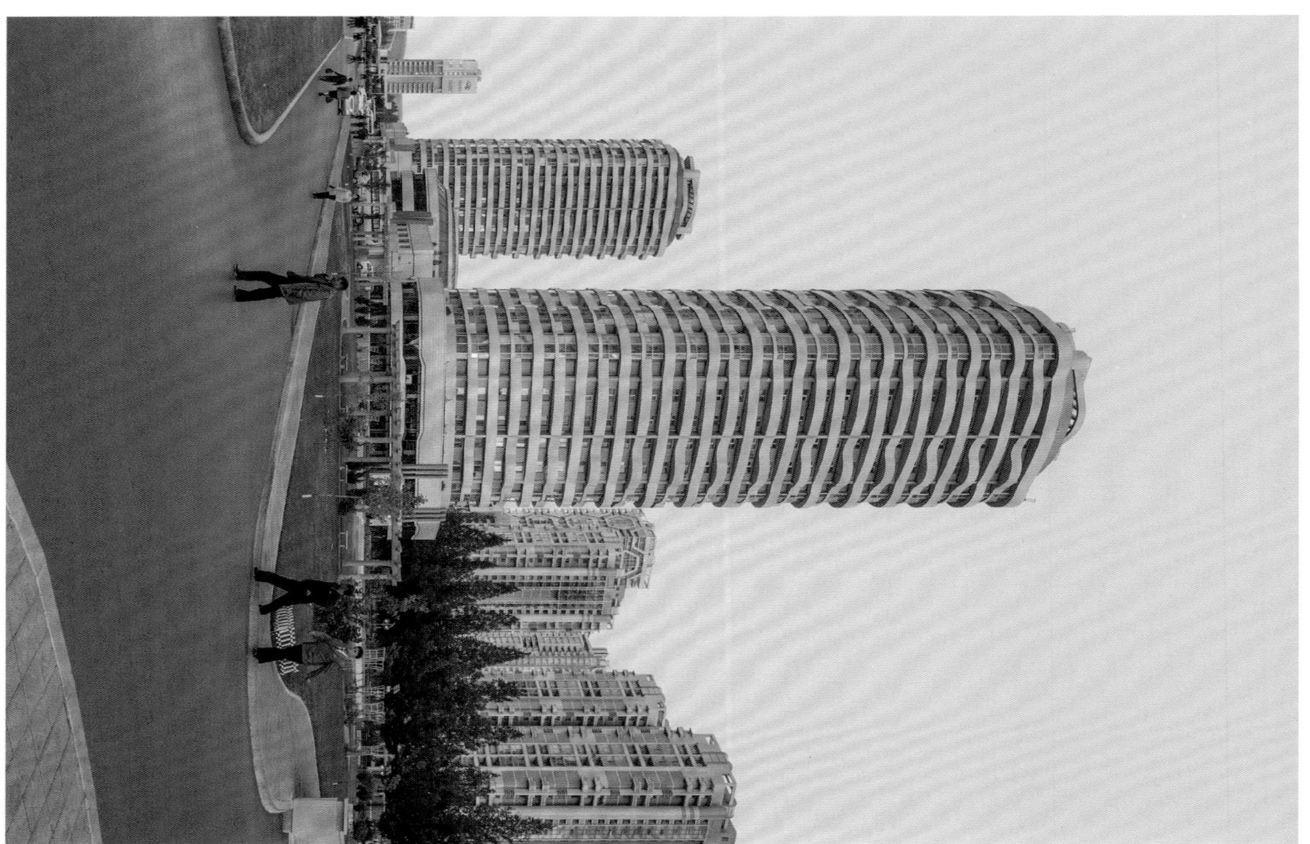

∧ 여명거리

^ 여명거리

^ 창전거리

^ 창전거리

^ 미래과학자거리

∧ 미래과학자거리

< 미래과학자거리

∧ 미래과학자거리

∧ 미래과학자거리

^ 미래과학자거리

^ 과학기술전당

∧ 과학기술전당

평면도
&
기타 도면

평양
1. 만경대학생소년궁전
2. 청년호텔
3. 평양교예극장
4. 서산호텔
5. 과학기술전당
6. 조국통일3대헌장기념탑
7. 영생탑
8. 5월1일경기장
9. 금수산태양궁전
10. 개선영화관
A. 광복거리
B. 통일거리
C. 체육도시
D. 문화도시
E. 미래과학자거리
F. 여명거리

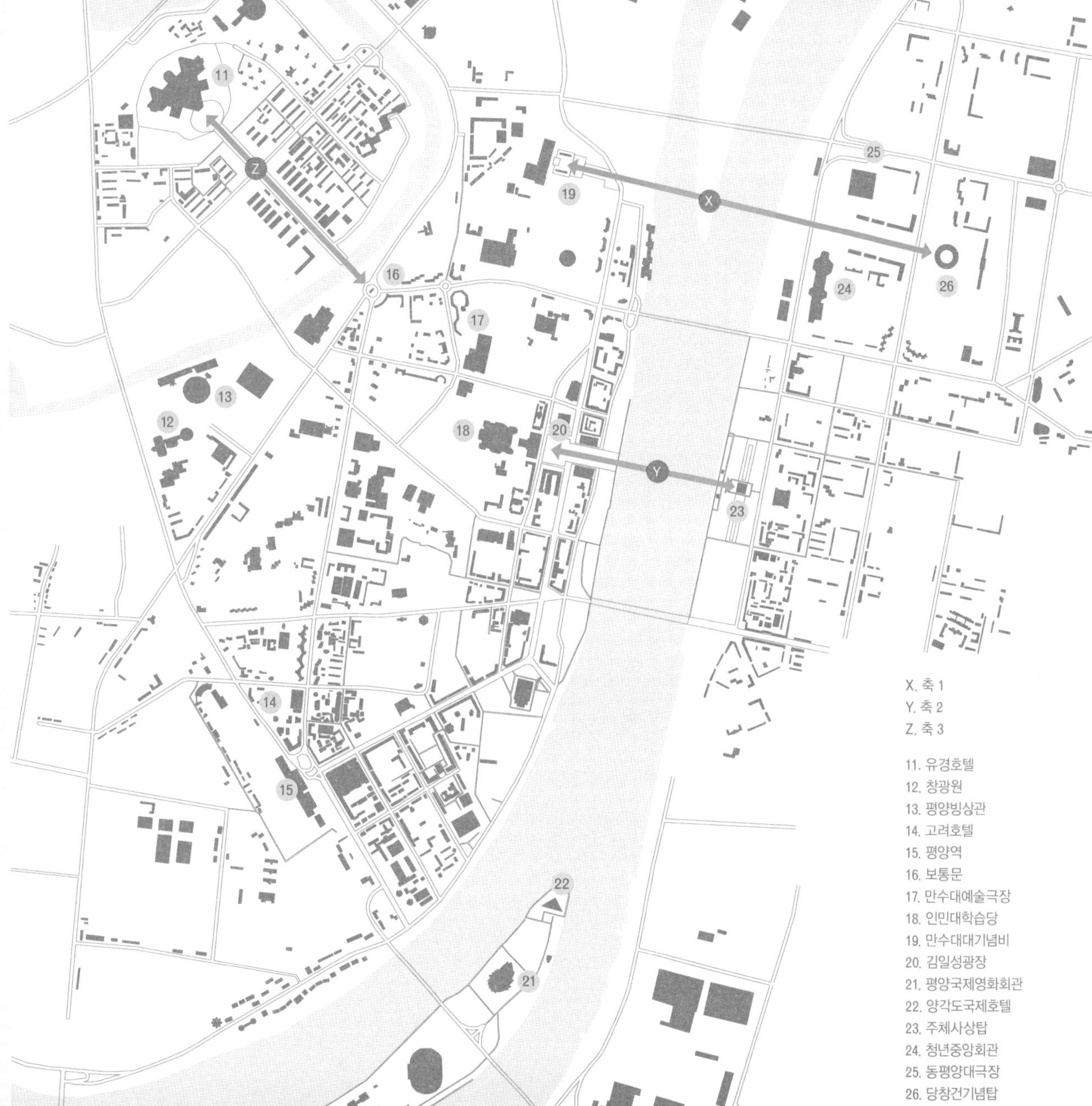
X. 축 1
Y. 축 2
Z. 축 3
11. 유경호텔
12. 창광원
13. 평양빙상관
14. 고려호텔
15. 평양역
16. 보통문
17. 만수대예술극장
18. 인민대학습당
19. 만수대대기념비
20. 김일성광장
21. 평양국제영화회관
22. 양각도국제호텔
23. 주체사상탑
24. 청년중앙회관
25. 동평양대극장
26. 당창건기념탑

도심

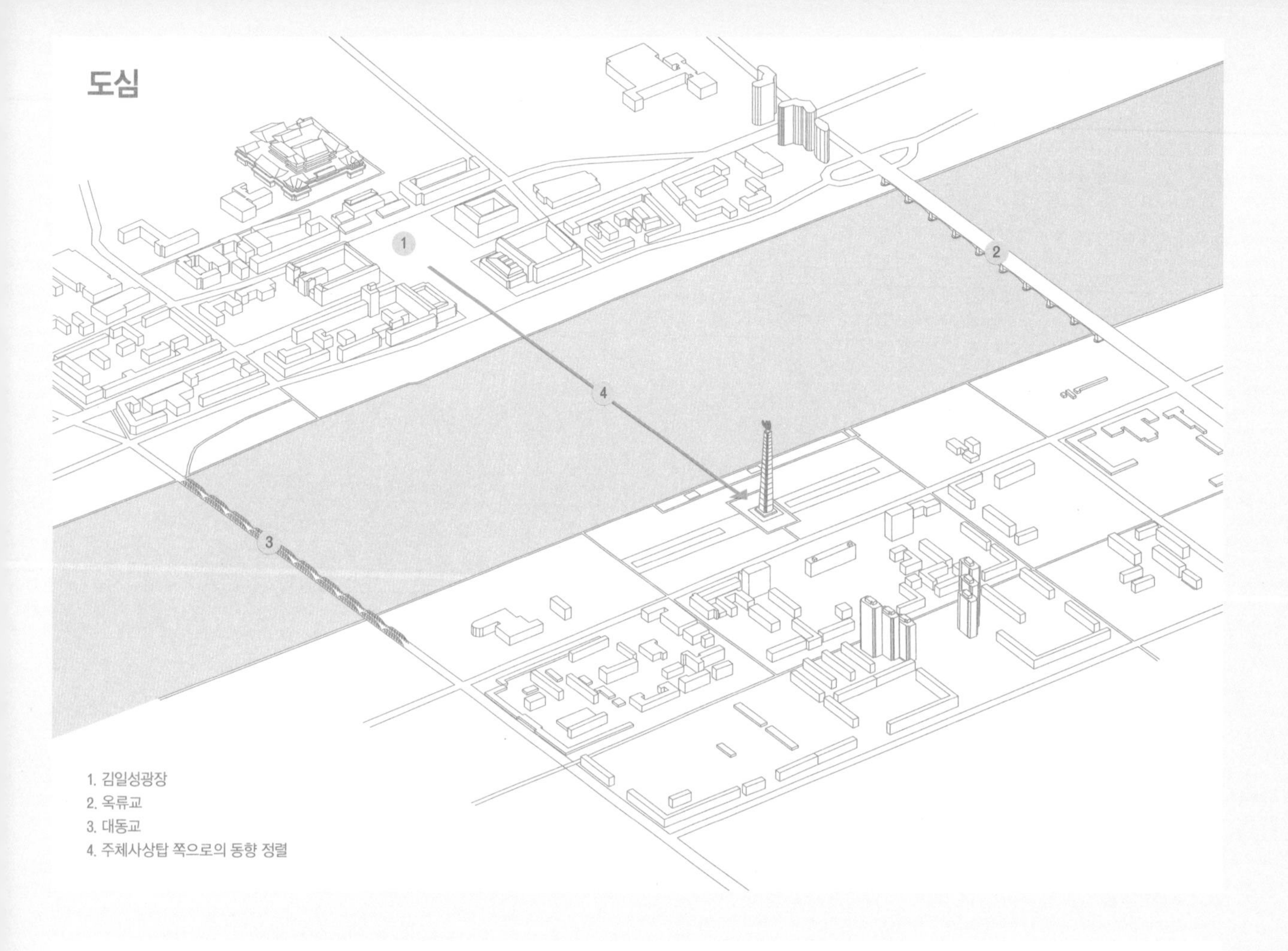

1. 김일성광장
2. 옥류교
3. 대동교
4. 주체사상탑 쪽으로의 동향 정렬

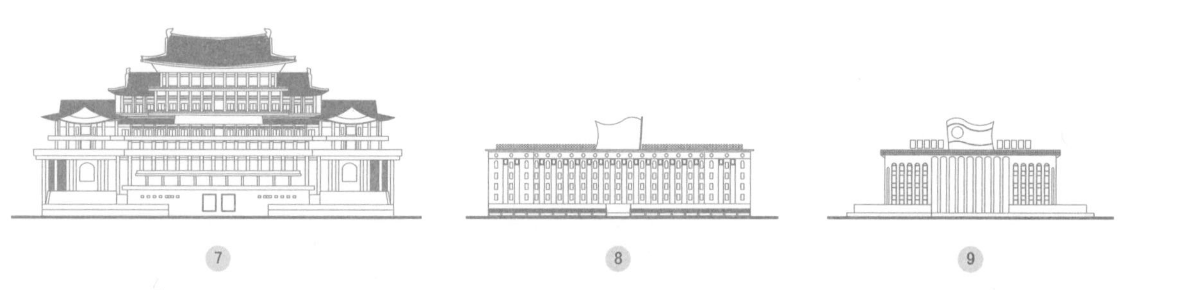

김일성광장

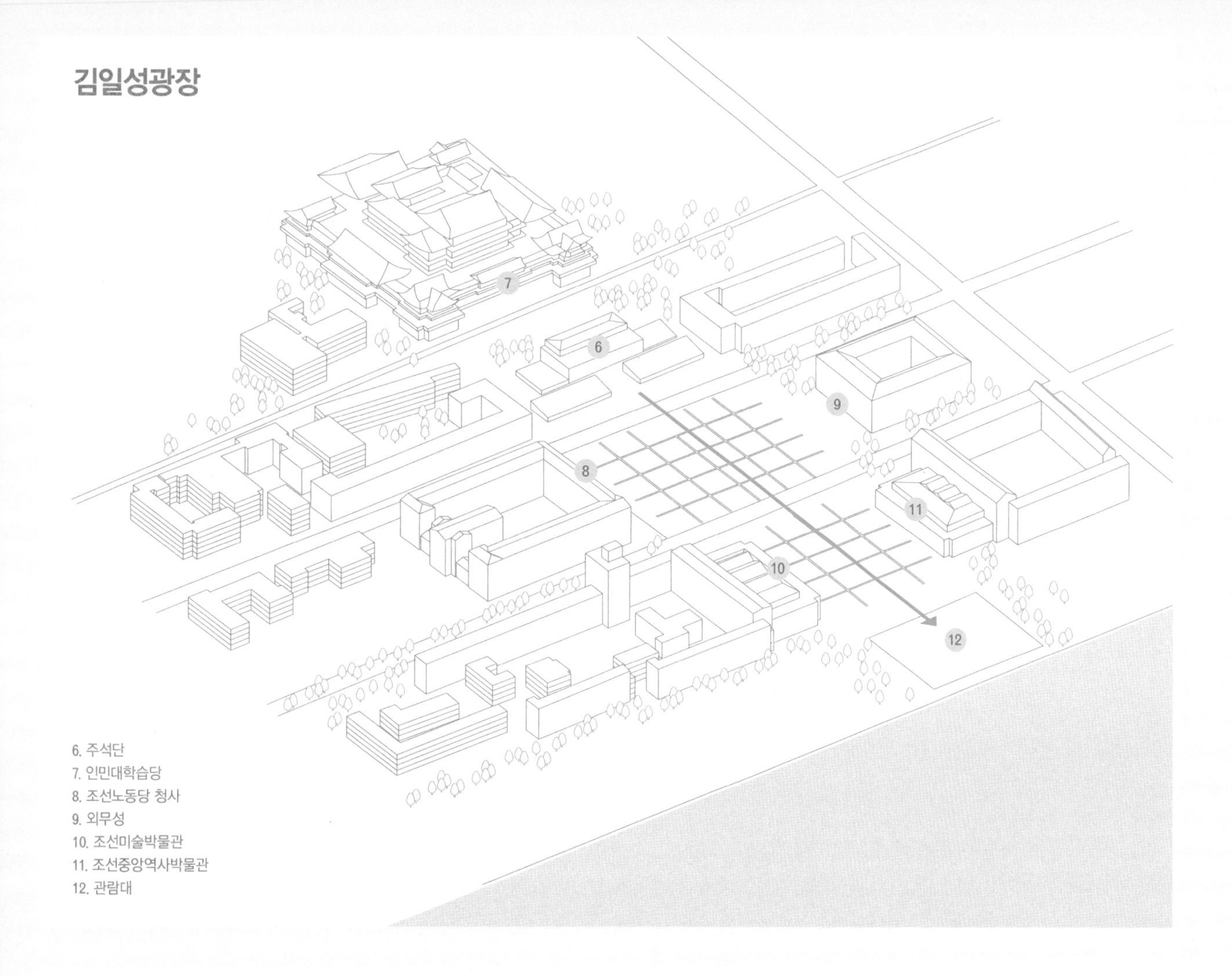

6. 주석단
7. 인민대학습당
8. 조선노동당 청사
9. 외무성
10. 조선미술박물관
11. 조선중앙역사박물관
12. 관람대

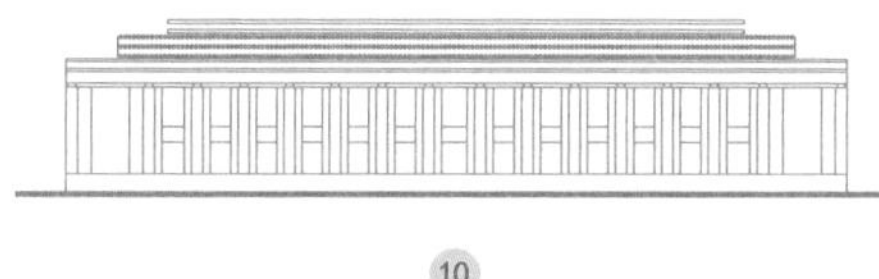

10

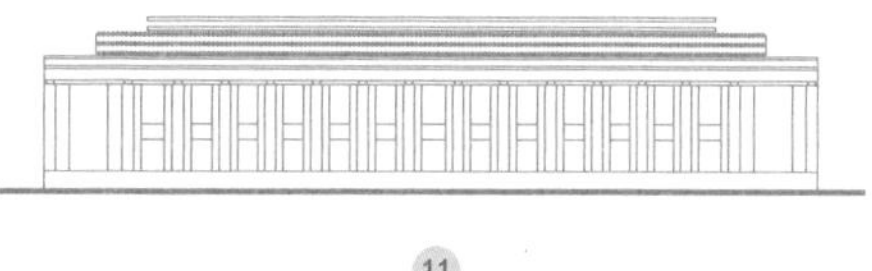

11

만수대대기념비

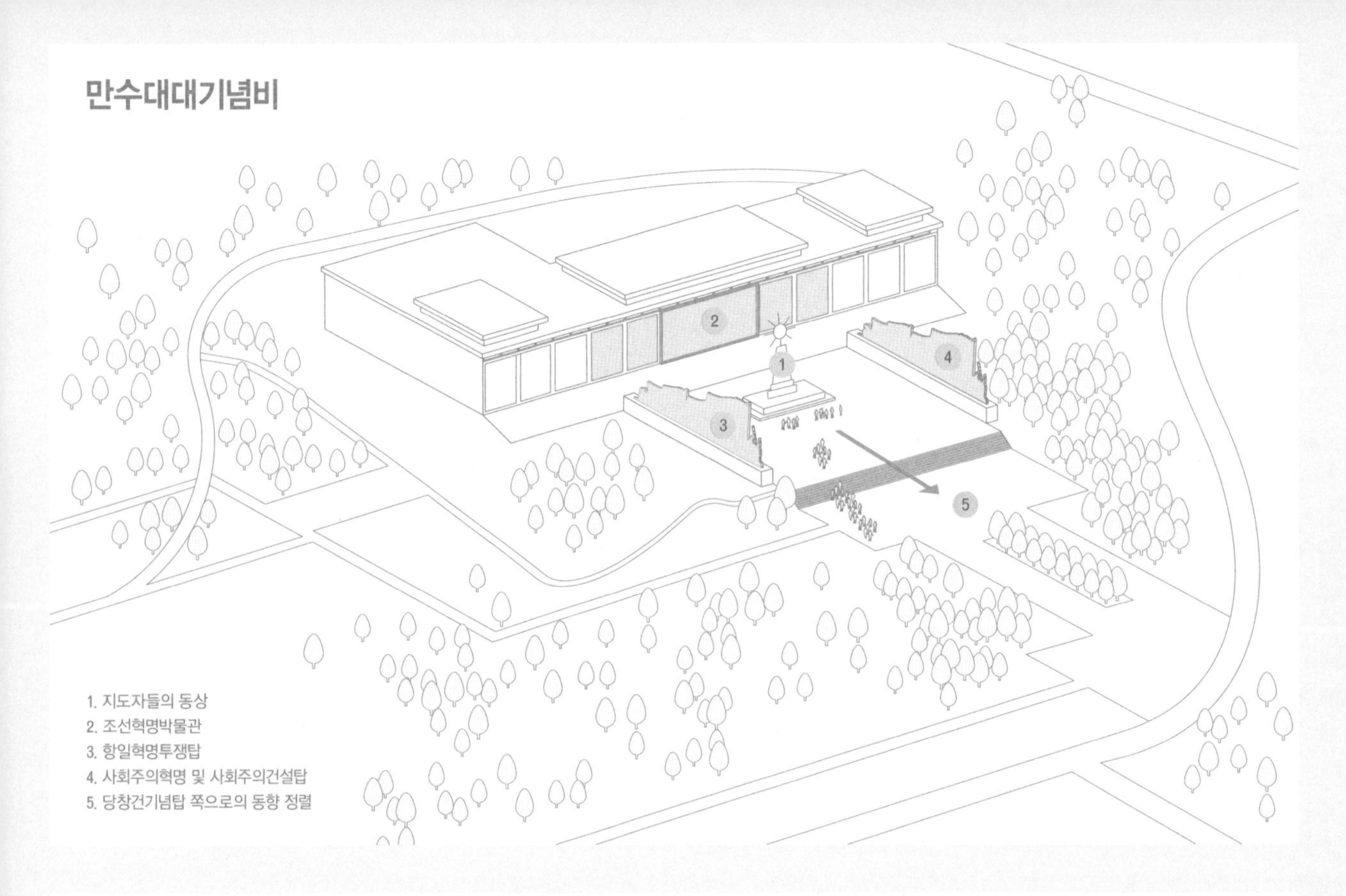

1. 지도자들의 동상
2. 조선혁명박물관
3. 항일혁명투쟁탑
4. 사회주의혁명 및 사회주의건설탑
5. 당창건기념탑 쪽으로의 동향 정렬

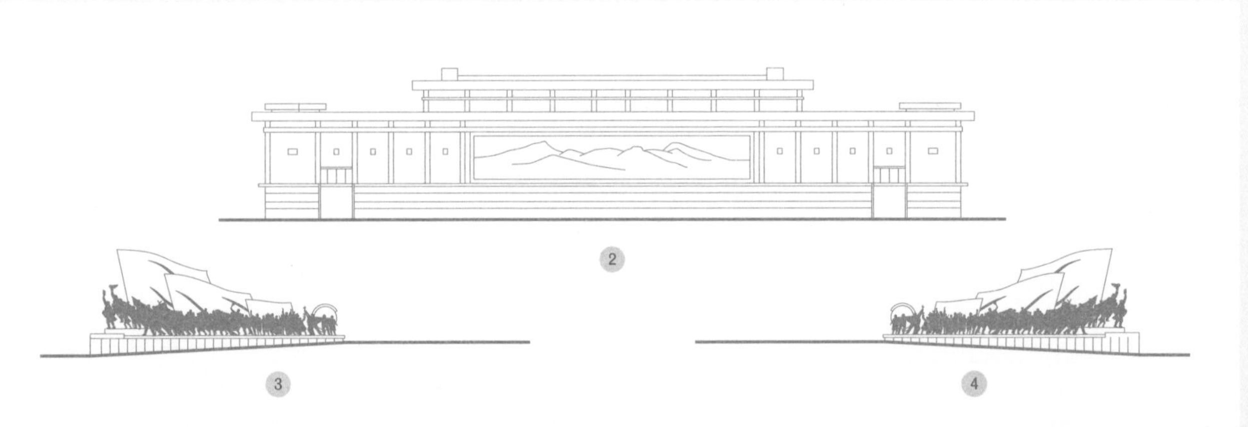

축 1 만수대대기념비부터 당창건기념탑까지

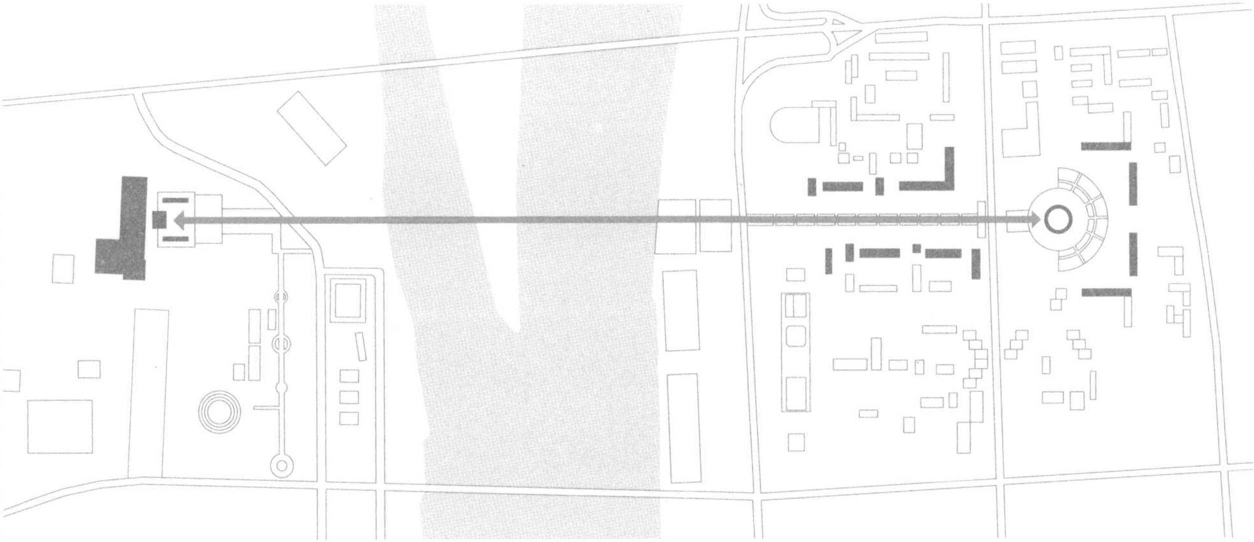

축 2 김일성광장부터 주체사상탑까지

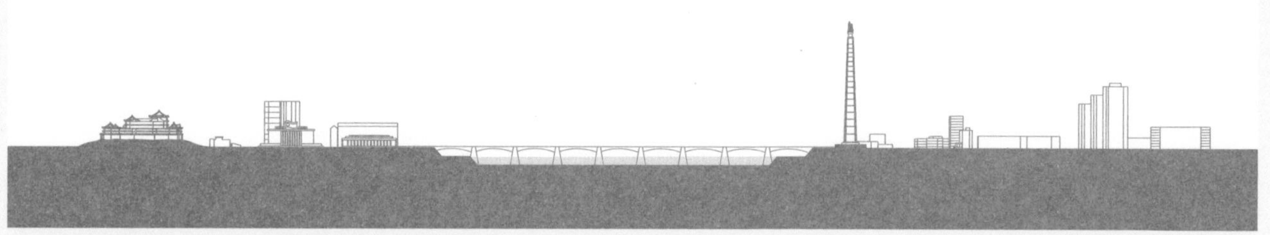

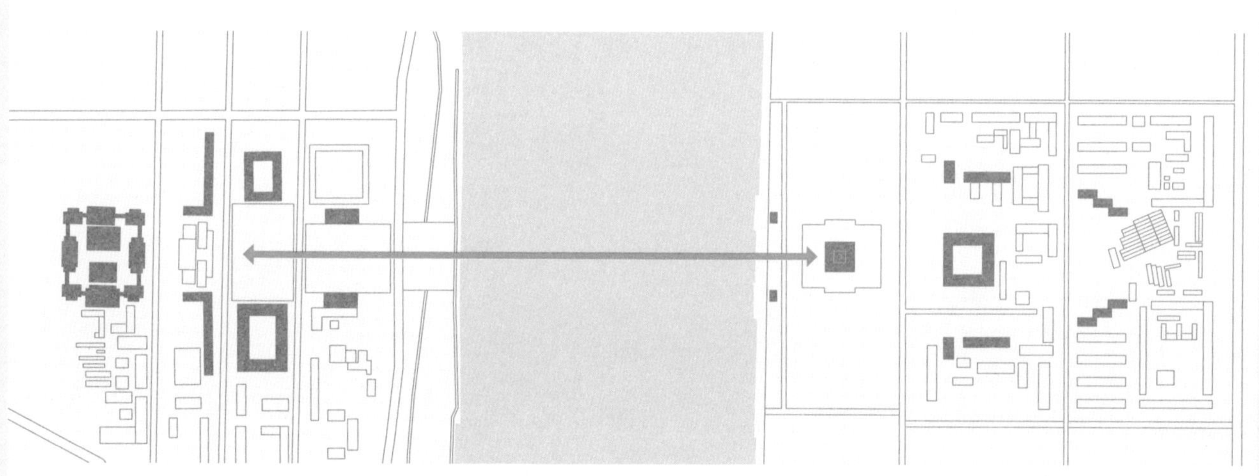

축 3 보통문부터 유경호텔까지

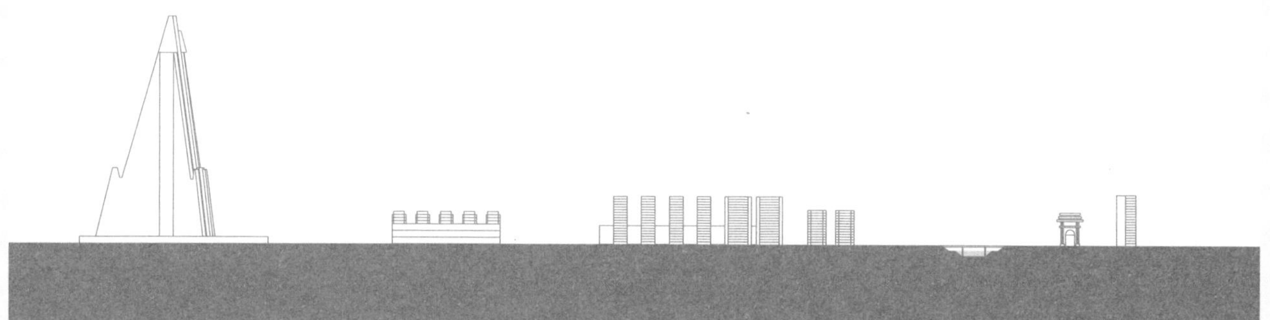

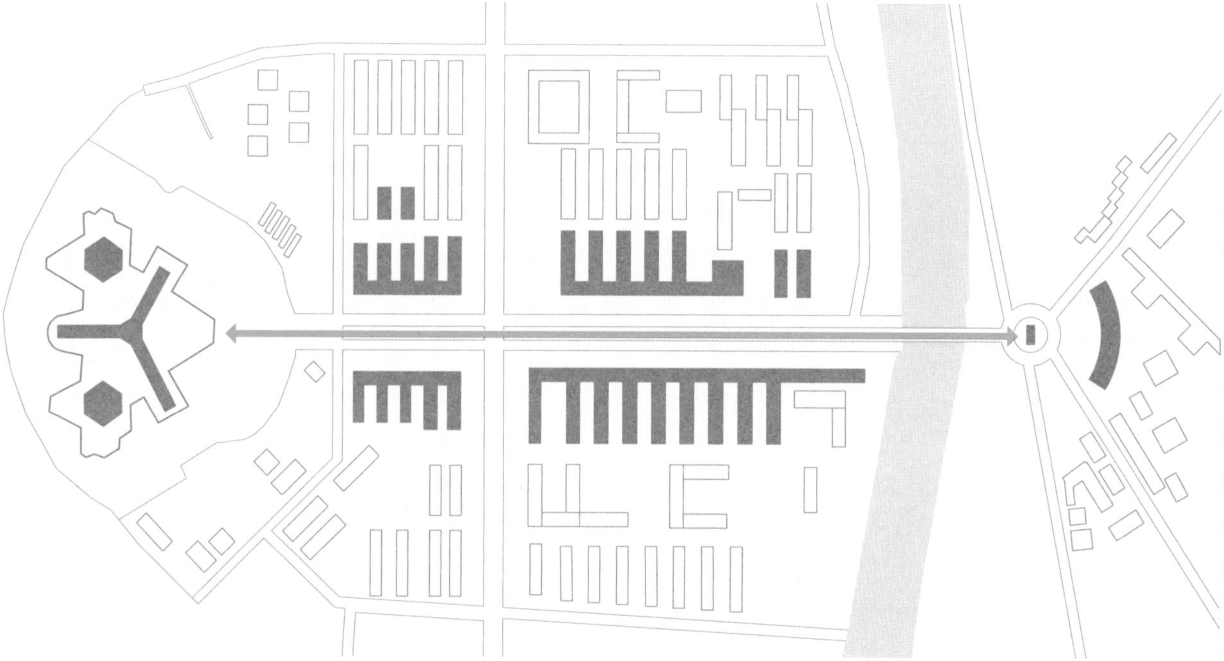

문화도시 3대혁명전시관

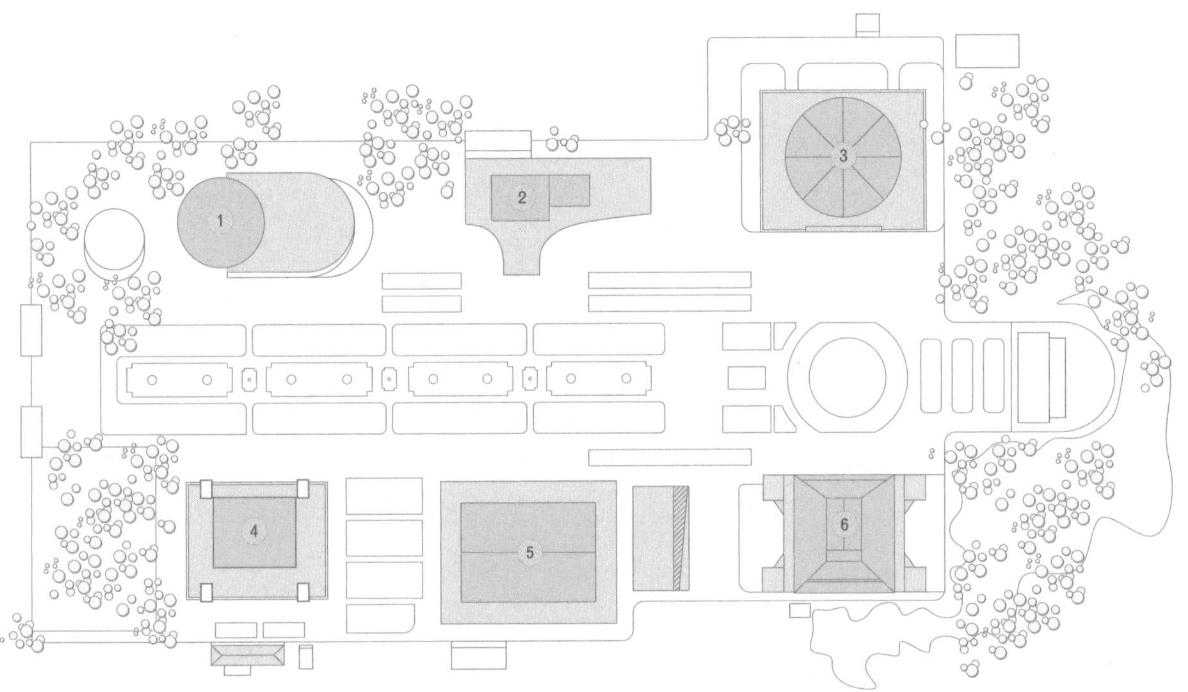

1. 전자공업관
2. 경공업관
3. 농업관
4. 총서관
5. 새기술혁신관
6. 중공업관

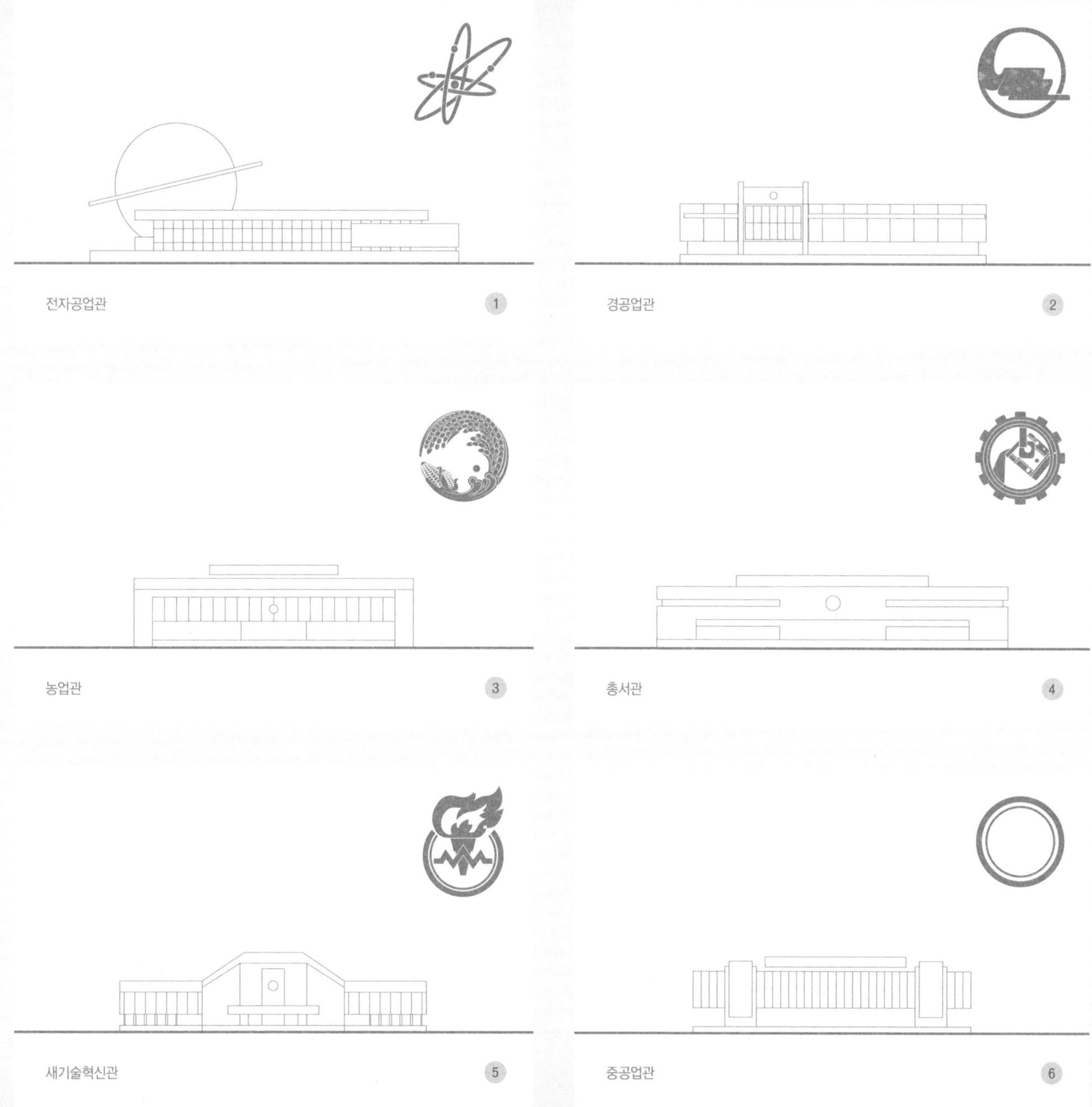
전자공업관
1
경공업관
2
농업관
3
총서관
4
새기술혁신관
5
중공업관
6

체육도시 청춘거리

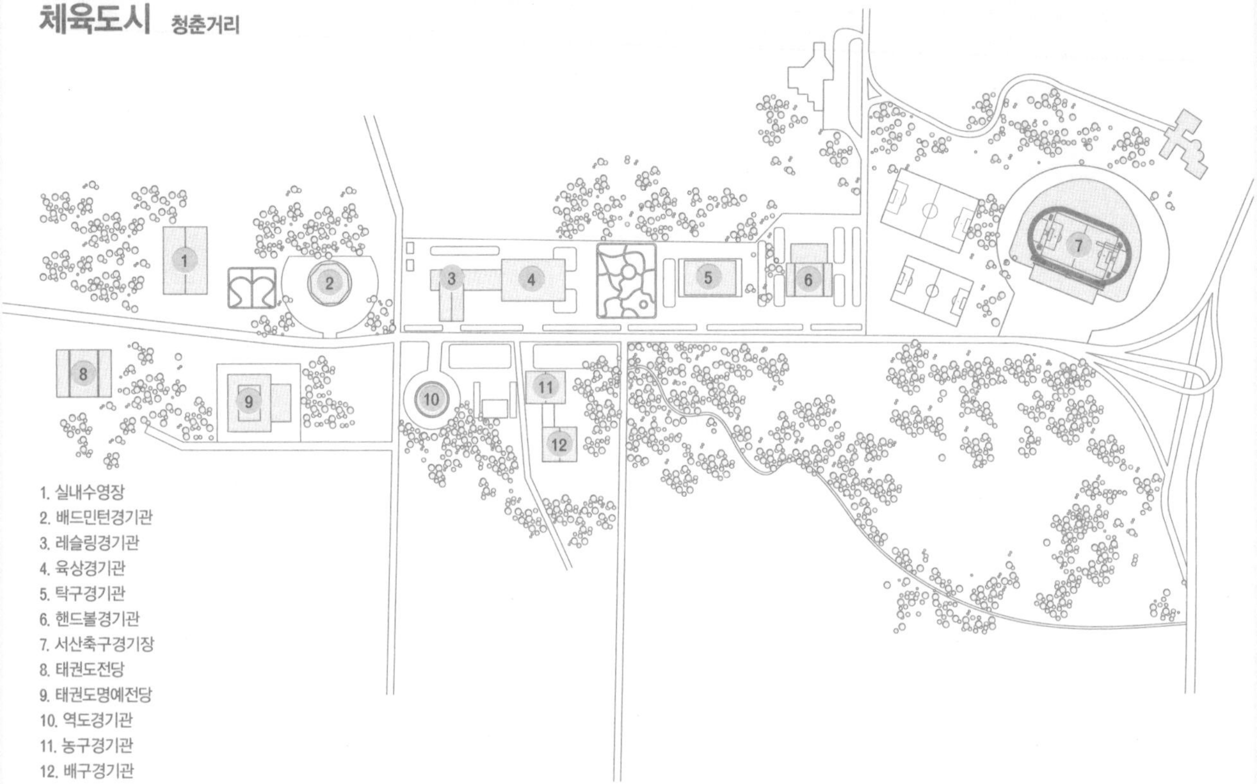

1. 실내수영장
2. 배드민턴경기관
3. 레슬링경기관
4. 육상경기관
5. 탁구경기관
6. 핸드볼경기관
7. 서산축구경기장
8. 태권도전당
9. 태권도명예전당
10. 역도경기관
11. 농구경기관
12. 배구경기관

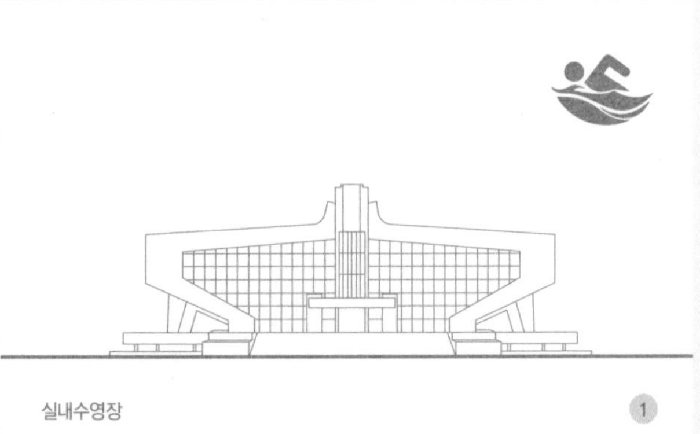

실내수영장 1

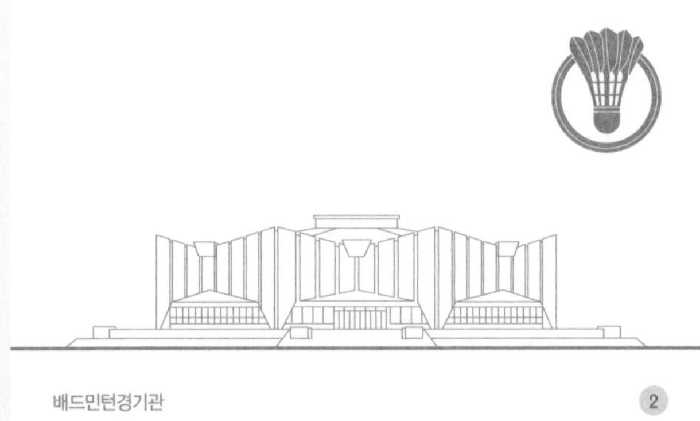

배드민턴경기관 2

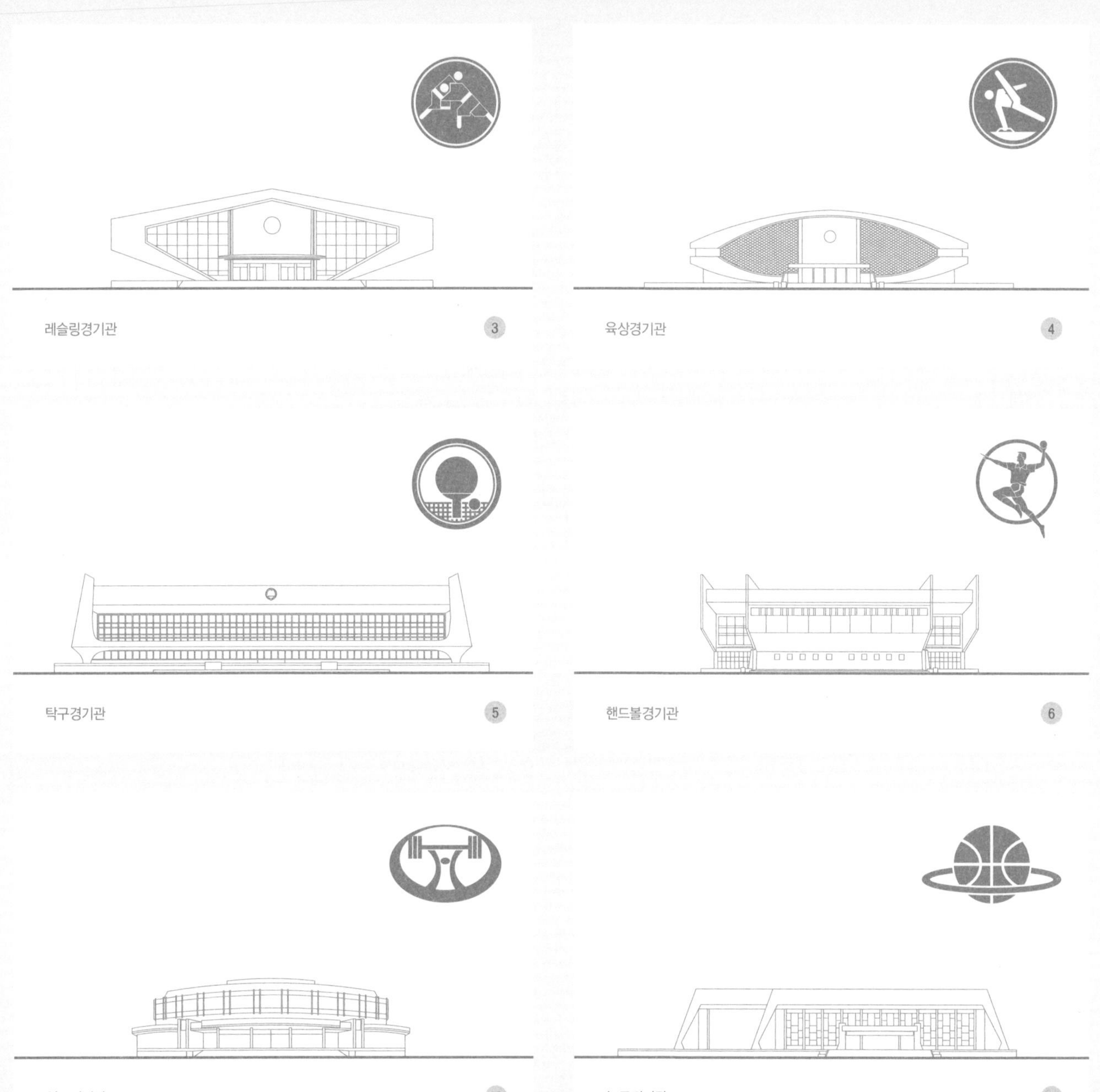

레슬링경기관 3

육상경기관 4

탁구경기관 5

핸드볼경기관 6

역도경기관 10

농구경기관 11

통일거리

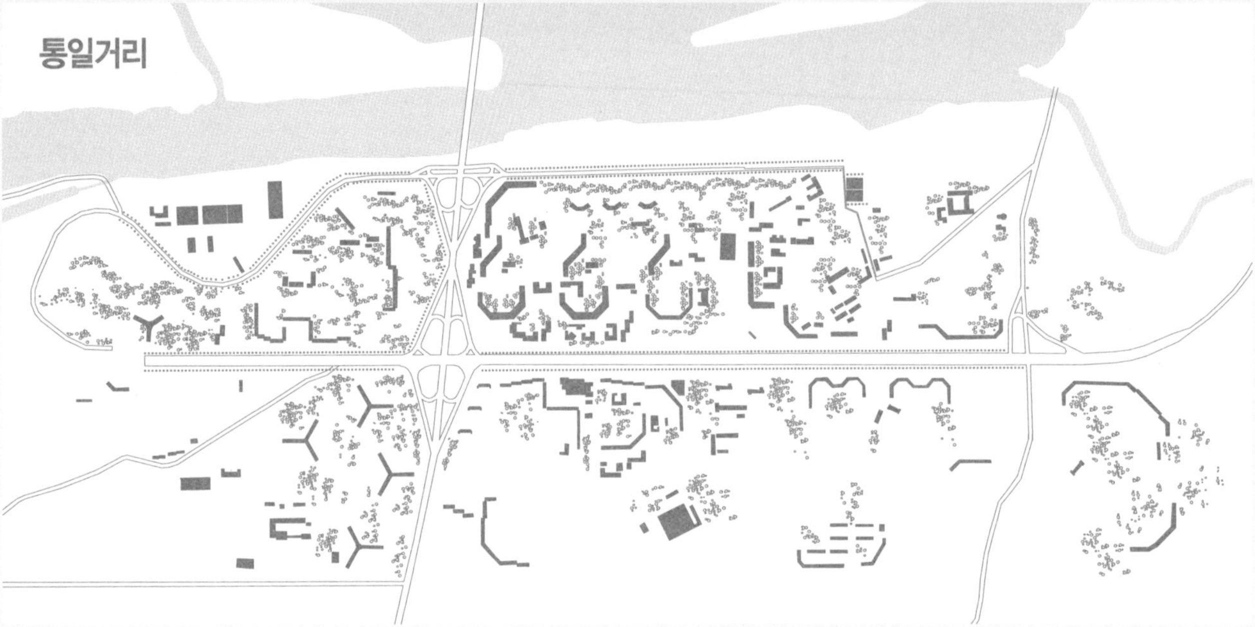

광복거리

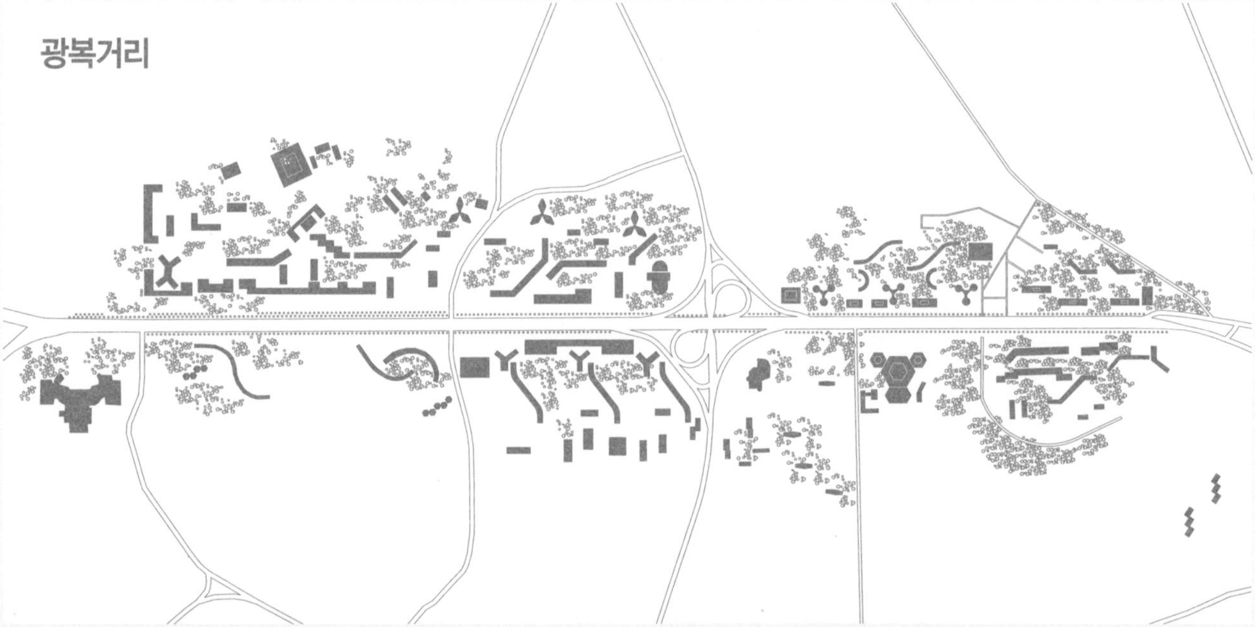

광복거리 건물 유형

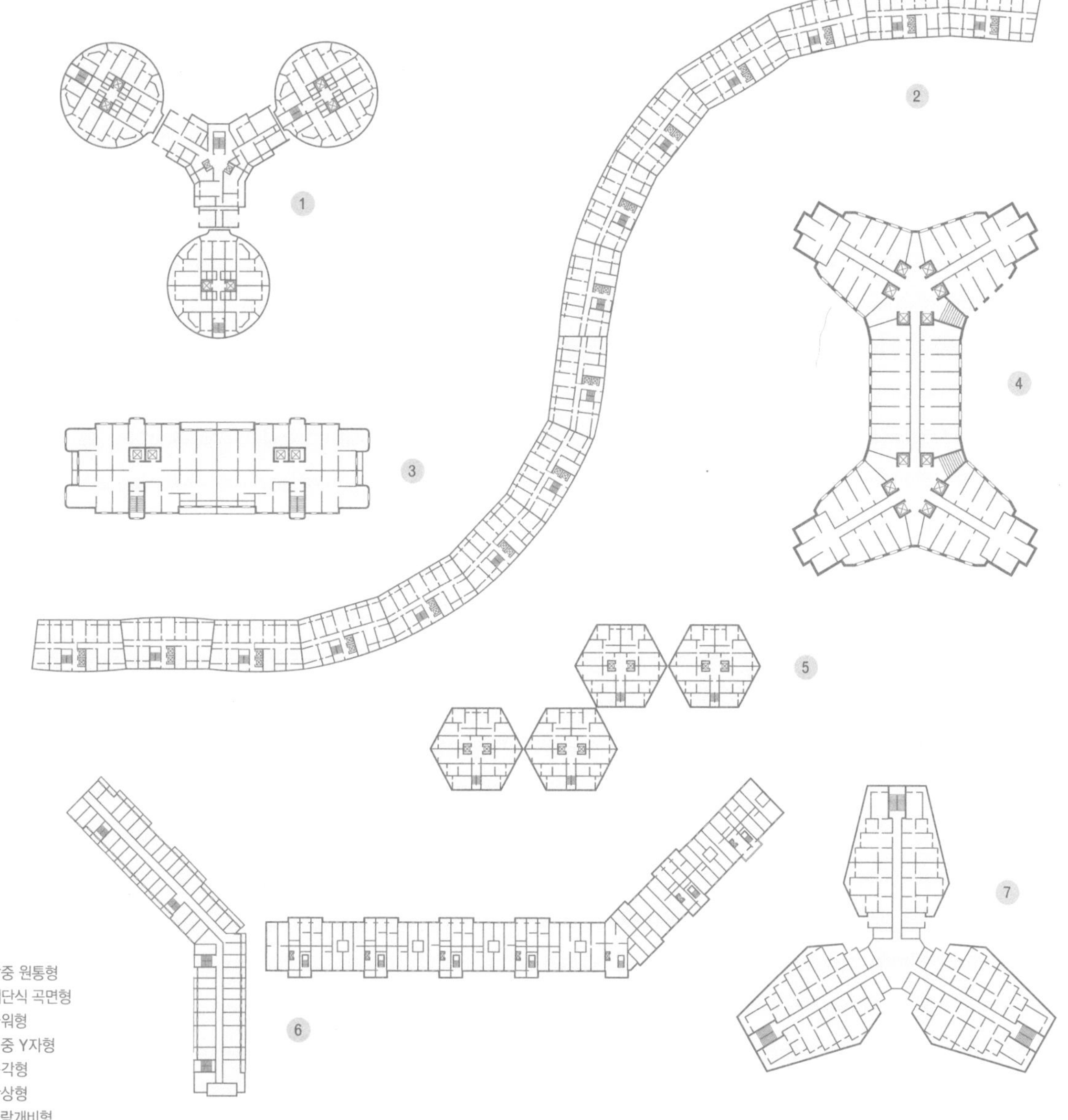

1. 삼중 원통형
2. 계단식 곡면형
3. 타워형
4. 이중 Y자형
5. 육각형
6. 판상형
7. 바람개비형

아이콘

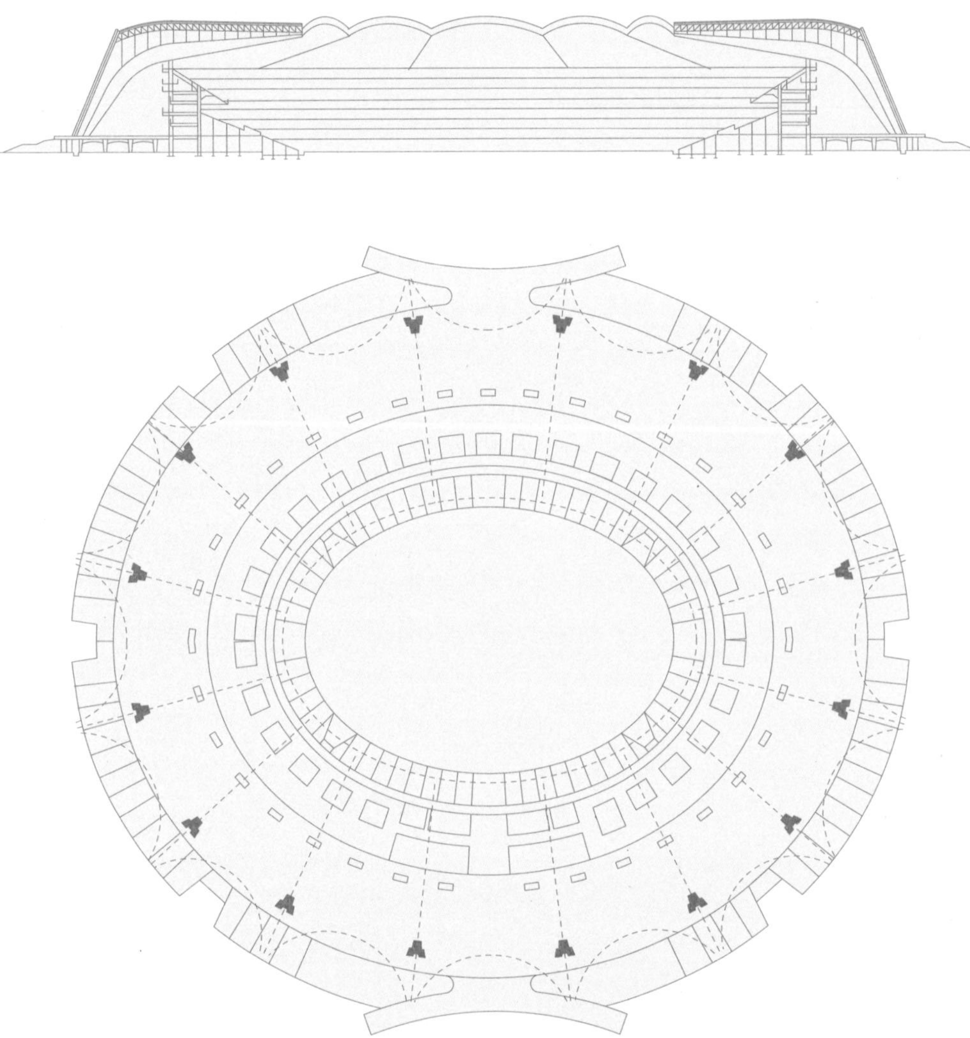

5월1일경기장

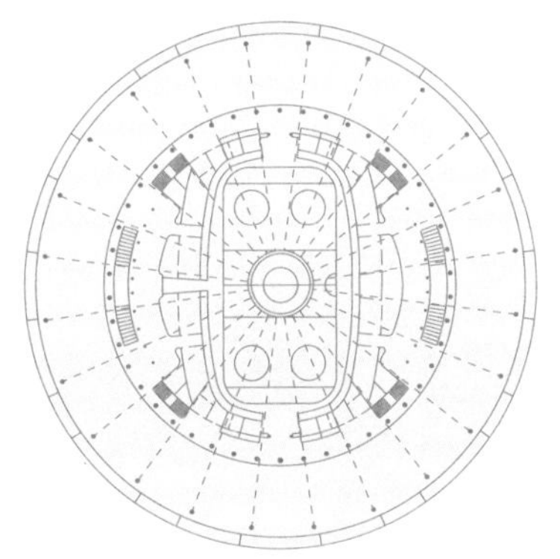

평양빙상관

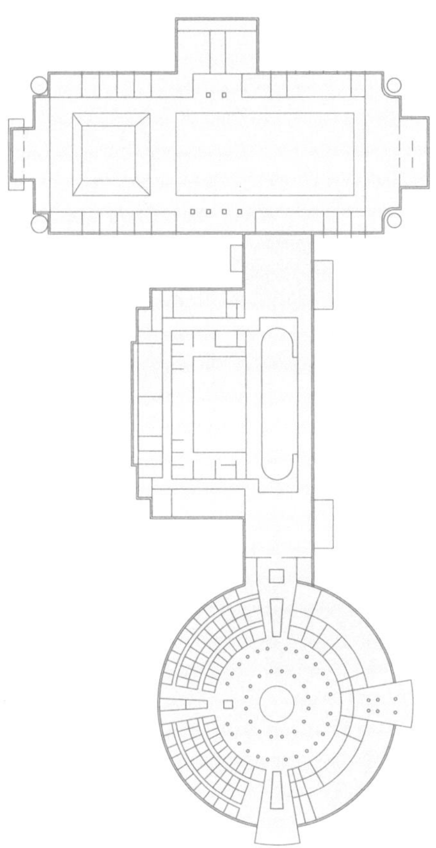

창광원

아이콘

평양교예극장

평양국제영화회관

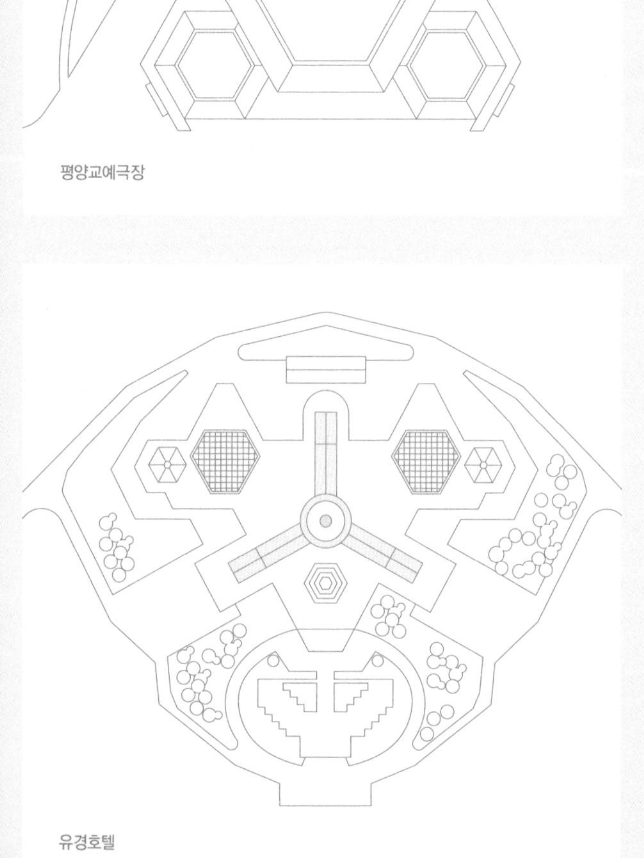

유경호텔

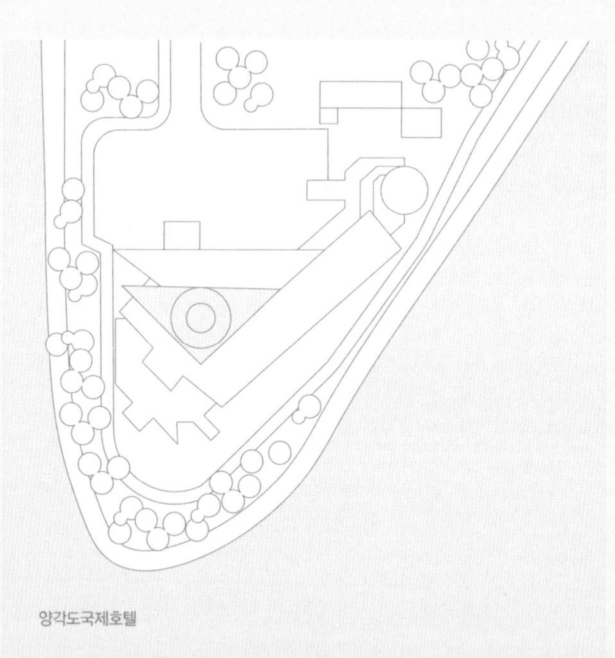

양각도국제호텔

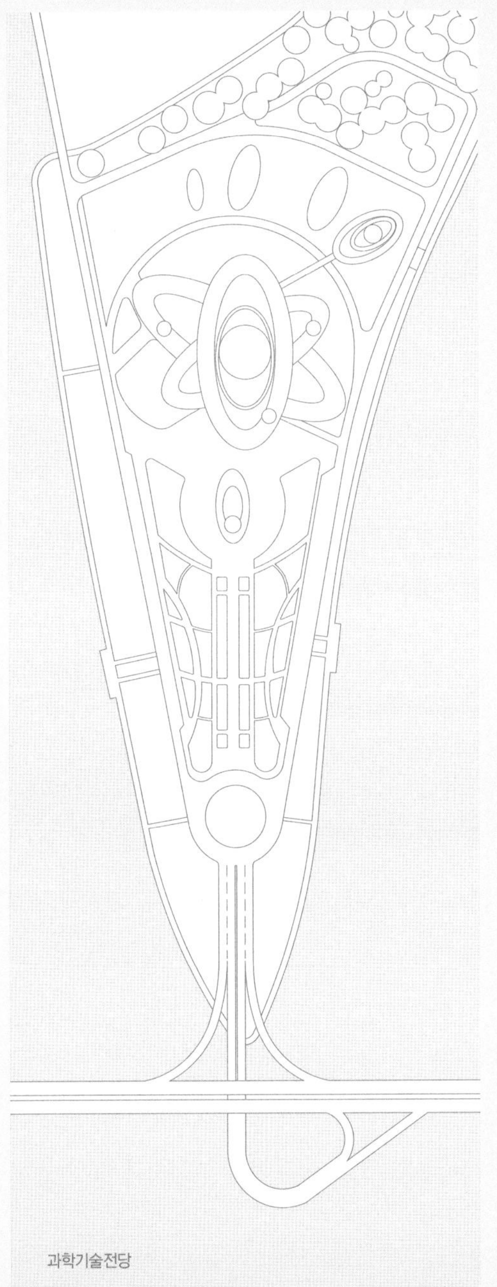

과학기술전당

만경대학생소년궁전

상대적 규모

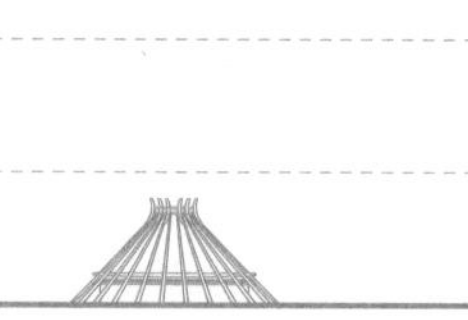

평양빙상관

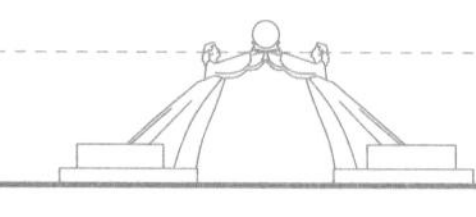

조국통일3대헌장기념탑

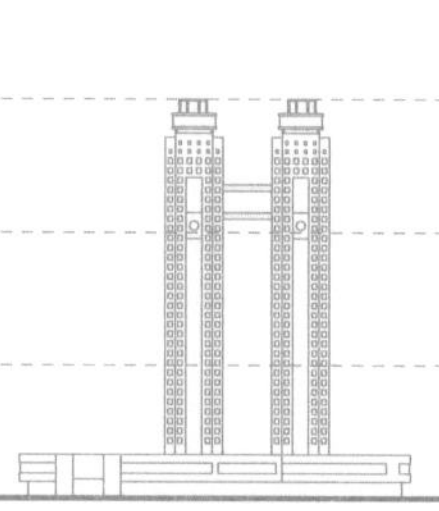

고려호텔

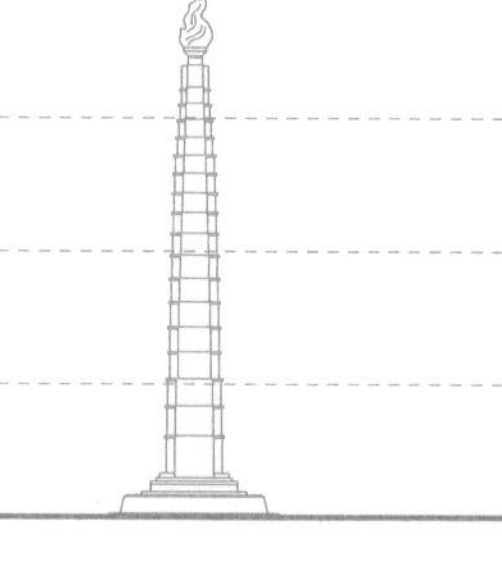

주체사상탑

지하철역 구성

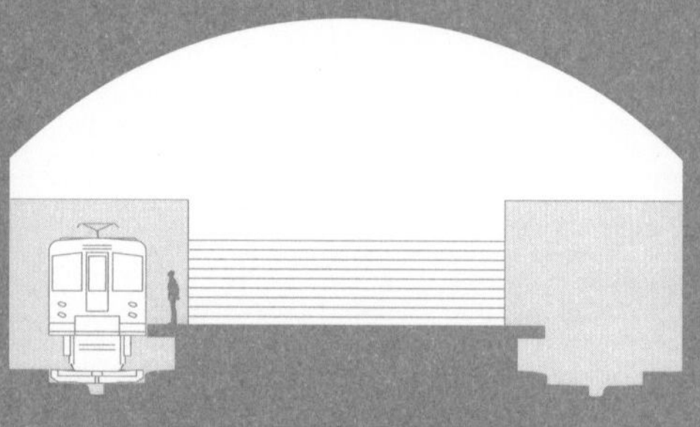

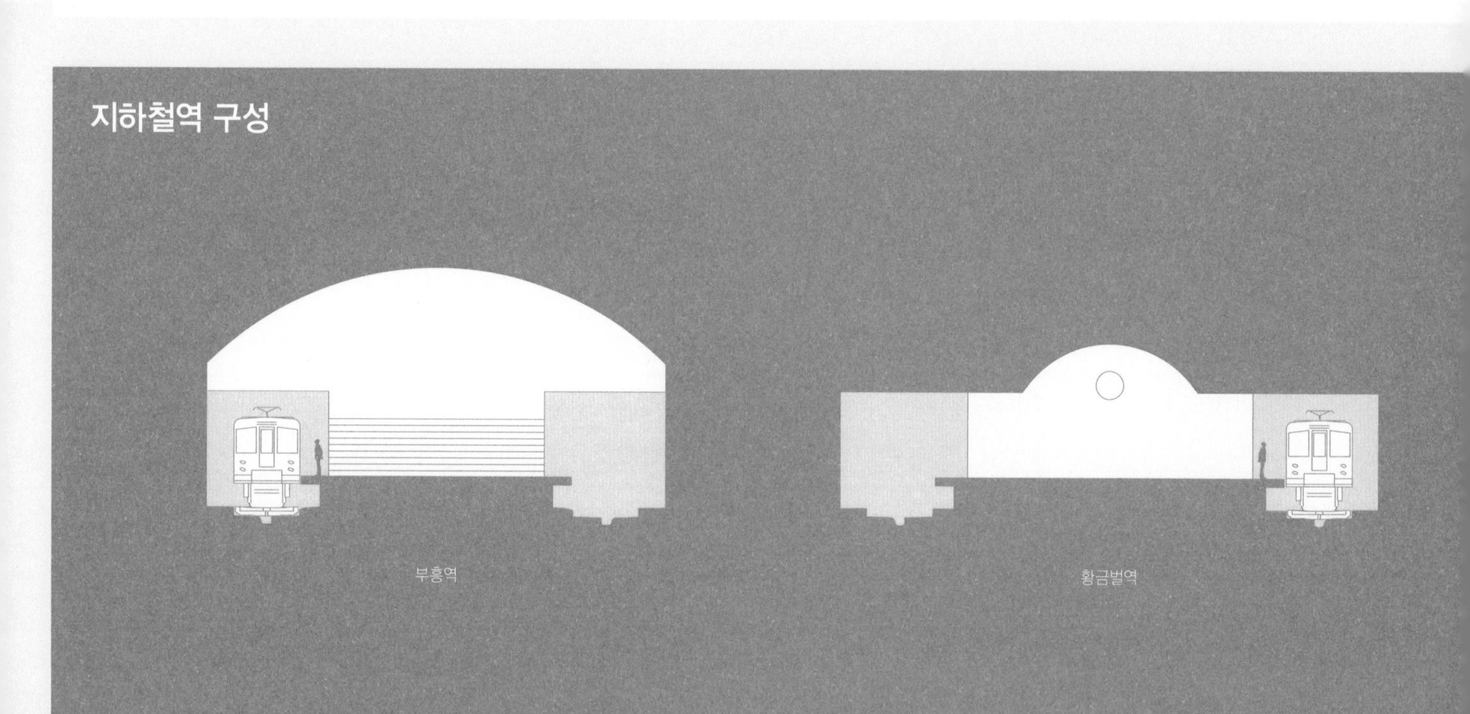

황금벌역

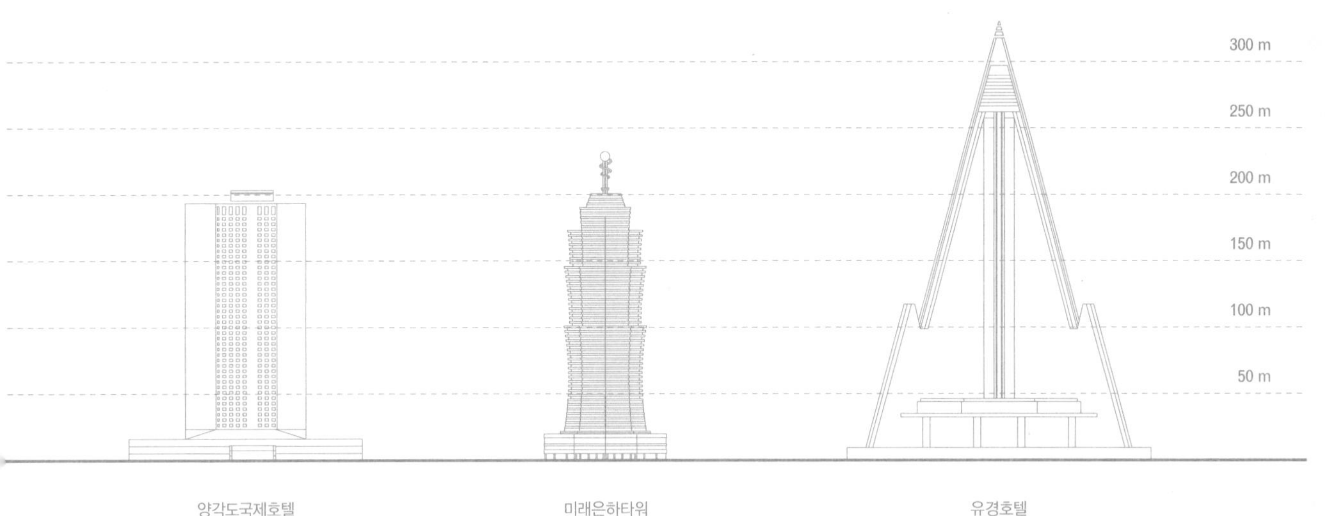

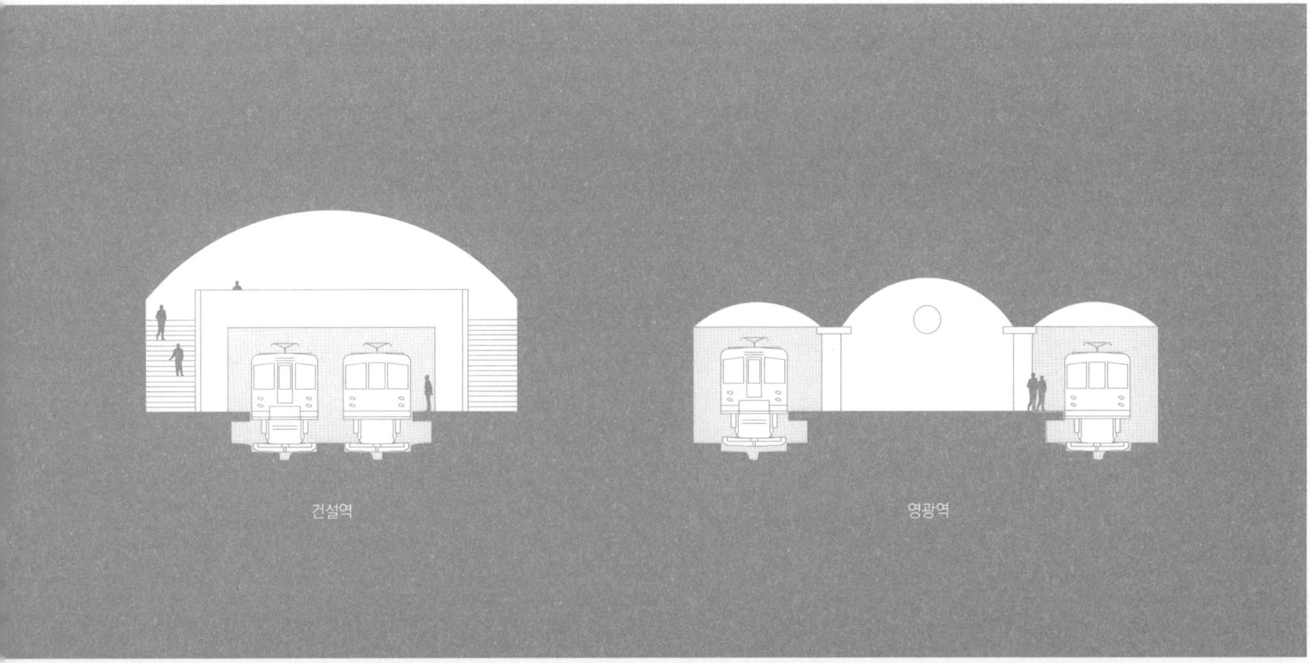

건설역

영광역

평양: 1993년부터 현재까지

닉 보너Nick Bonner, 사이먼 카커렐Simon Cockerell(고려관광사)

평양은 국가 권력의 중심지이자 북한식 사회주의 건축을 화려하게 전시하기 위한 곳이다. 이 나라가 외부 세계를 향해 드러내는 얼굴이며, 스스로를 어떻게 바라보는지를 드러내는 상징인 셈이다. 조선민주주의인민공화국 전역에서 온 시민들은 대표단과 관광객 단위로 이동하며 이 도시의 박물관과 극장 그리고 공공 공간을 통해 계몽되고 영감을 받는다. 1993년에 설립되어 베이징에 거점을 둔 우리 고려관광사는 가장 불가사의하고 흥미로운 나라인 이 조선민주주의인민공화국으로 입국할 기회를 제공하고 특히 단체나 개인 단위 여행을 주선하는 일을 전문으로 한다.

북한 주민들은 평양이 조선민주주의인민공화국의 창건 이후 온갖 곤란을 딛고 지어졌음에도 세계에서 가장 큰 도시 중 하나라는 이야기를 듣는다. 이 나라에서 평양 시민은 모든 사회·정치적 필요가 충족되는 유토피아에 사는 사람으로, 가장 행복한 나라에서 가장 행운을 누리는 사람으로 여겨진다. 이 도시에서는 어디서나 국가와 당 또는 혁명을 가리키는 상징을 볼 수 있다. 혁명적인 장면을 묘사하는 거대한 모자이크가 있고, (당창건 기념탑 위에 걸린) '백전백승'이나 (정치적 상징으로 쓰인 건축의 기본 사례인 주체사상탑 양편의) '일심단결' 같은 표어를 발산하는 번쩍이는 슬로건들이 눈에 띈다.

기원

고조선 신화에 따르면 평양은 기원전 1122년 단군의 묘지에 설립되었다고 한다. 비록 그동안 수많은 이름으로 불려 오긴 했지만, '평양'이라는 용어는 언덕 이면의 작은 평원에 위치한 '평탄한 땅'을 뜻한다는 점에서 여전히 적절한 용어다. 대동강이 교통과 무역의 통로가 되는 평양은 나라의 북부를 정치적으로 통제하는 데 가장 중요한 중심지가 되었다. 평양은 고조선과 고구려, 고려의 중심 도시였으며, 16세기와 17세기에는 일시적으로 왜구와 청나라가 점령한 적이 있다.

수 세기에 걸쳐 다양한 침략과 격변을 겪었지만 그래도 평양의 핵심 구조는 유지되고 있었다. 그러다 (북한에서는 '조국 해방 전쟁 승리의 날'로 알려진) 6·25전쟁 때 폭격이 계속되면서 도시가 거의 파괴되었다. 약간의 건물만 살아남았고, 대부분은 돌무더기로 변해 버렸다. 도시가 파괴됐던 경험은 현재까지 북한의 정치적·사회적 분위기를 조성하는 기반이 되고 있으며, 교육 기관과 국영 매체에서는 주민들에게 그러한 역사를 끊임없이 상기시킨다. 전후의 도시 계획가들은 깨끗한 백지 상태에서 새롭게 종합 계획을 수립했지만, 이전의 흔적은 분명 계속 존재했다. 전쟁 이전부터 고대 격자망이 남긴 거리의 흔적들이 여전히 있는데, 이는 철도망같이 살아남은 기반 시설과 실용적인 구조물 그리고 강을 가로지를 때 제약이 있다는 사실 덕

분이기도 했다.

기능 또는 단순히 형태?

평양은 급속도로 재건되었다. 중심부에 주요 거리들을 배치했고, 교량을 개축하거나 새로운 교량을 증축했다. 기념비적인 건축과 실용적인 주거 블록도 만들었다. 이 도시는 생활과 업무의 공간으로, 권력의 중심지로 작동해 왔다. 여기서는 조국해방전쟁승리기념관이나 만경대혁명사적관 같은 박물관을 통해 직접적으로, 또는 조각과 모자이크 그리고 거리 선전을 통해 미묘하게 이데올로기를 주입한다. 공간을 만들 수 있는 곳에서는 계속 아이콘적인 건물을 지어 왔다. 예를 들어, 당창건기념탑을 지으려고 25만 제곱미터를 비워 내거나 아직 개발이 되지 않은 부지에 5월1일경기장(1989)과 양각도국제호텔(1995) 같은 건물을 지었다. 중요한 기념일을 위해 지은 건물도 대거로 생겨났다. 1982년에는 김일성 주석의 70번째 생일을 맞이해 주체사상탑을 건립했고, 2012년에는 탄생 100주년을 맞이하여 창전거리에 일류 주거 구역을 조성했다.

지난 10년간 미래거리(2015)와 여명거리(2017)를 비롯한 중요한 건설 프로젝트가 추가로 진행되었다. 기존 건물은 더 높이 증축되었고, 일부 직종(대학 교수와 공연 예술가)을 위한 신축 타워와 상업 건물도 건립되었다. 모란봉극장과 만경대학생소년궁전, 평양교예극장, 고려호텔과 같은 건물의 내부를 새로 단장하는 것은 이해할 만하다. 물론 많은 재료를 수입해서 쓰는 바람에 옛 실내의 느낌이 사라져 버렸지만 말이다. 정해진 장소에 도입되기 시작한 이름 있는 상점들의 영향이 사회적으로 상당하다고 느껴졌다. 2004년에 조성된 통일시장부터 시작해 신흥 중산층을 겨냥한 다양한 슈퍼마켓들이 생겨났고, 그중에서도 2011년에 건립된 광복백화점이 가장 두드러진 사례라고 할 수 있다.

평양에 관해 널리 알려진 사실 하나는 이곳에 권력과 이데올로기를 구현하는 수많은 기념비가 있다는 점이다. 단순히 말해 이 도시는 하나의 사회주의 예술 작품으로 볼 수 있고, 사람들은 공교롭게도 작품 속에서 삶을 사는 것이다. 방문객들은 이 도시가 대체로 '공허한' 도시 공간이라고 말할 때가 많다. 무계획적으로 끼어드는 요소나 풍토적인 건축이 거의 보이지 않는 꾸며진 극장이라는 얘기다. 하지만 3백만 명이 넘는 인구가 이곳을 고향이라 여기고 이 도시와 매일 소통하며 살고 있다. 그 소통의 효과가 아무리 미미할지라도 말이다.

도시의 목소리

평양의 하루는 매일 아침 7시에 울리는 공식 알람과 함께 시작한다. (일요일에는 알람 소리가 좀 더 조용하긴 하다.) 인민들은 자신의 아파트 블록에서 줄줄이 나와 일하러 가고, 공중에는 의기를 돋우는 음악이 울려 퍼진다. 가끔은 학교 밴드가 연주하는 음악이 나올 때도 있다. 이러한 아침 음악은 노동자들에게 '혁명 정신'을 주입하기 위한 것인데, 6·25전쟁 이후 최초의 산업 재건 캠페인인 1950년대 천리마운동 때와 똑같은 의례다. 보다 최근에는 통근자와 노동자를 독려하기 위해 동시에 똑같이 깃발을 흔드는 전시성 의례가 흔해졌는데, 특히 '전투'라 불리는 집중 활동 기간인 100일 또는 150일

노동 캠페인 중에 그런 의례가 행해진다.

공사장에서는 요란하게 혁명가와 찬가가 흘러나오는데, 음악을 분명하게 전달하기보다는 되도록 멀리 전달하기를 우선시하는 듯하다. 흘러나오는 노래들 사이에는 열정적으로 프로파간다를 전하는 육성이 섞인다. 육성의 주인공은 '뉴스'와 화술의 전문가이며, 외부 스피커가 장착된 특수 개조 차량 안에 앉아 있다. 이러한 '프로파간다 호송차'들은 하루 종일 평양 거리를 돌아다니며 다양한 곳에서 최근 뉴스와 정책을 전한다. 평양역에서 정오와 자정마다 울리는 녹음된 종소리는 김일성광장이 내려다보이는 인민대학습당에서도 흘러나온다. 교통량이 적고 (그럴 때가 많다) 바람이 고요할 때는 도시 전역에서 그 소리를 들을 수 있다.

북한 수도의 저녁 하늘은 과거보다 더 많은 수의 조명으로 빛난다. 물론 전력난은 지금도 여전하지만 예전만큼 심각한 정도는 아니다. 전기가 갑자기 끊겨도, 정치적 긴장 상황이 발생하더라도, 세계 어느 곳에서 무슨 일이 일어나더라도 어김없이 행해지는 것이 한 가지 있다. 하루가 끝날 때면 세계에서 가장 높은 석탑인 주체사상탑 꼭대기의 거대한 횃불 조형물에 항상 불이 들어오는 것이다. 불은 땅거미가 질 무렵 켜졌다가 밤 11시에 꺼진다. 김일성 주석과 김정일 위원장의 동상이 있는 만수대대기념비는 야간에도 계속 불이 켜져 있다. 이곳을 지나는 차량들은 존경의 표시로 속도를 늦춘다. 평양에서 정치적으로 가장 성스러운 이곳에 어둠은 존재하지 않는다.

교통

평양에 거주하는 외국인들은 (녹색 번호판을 단) 자가용을 운전하고 관광객은 버스나 자동차로 여행하지만, 현지인들이 도시를 돌아다니는 방법은 여전히 대중교통이나 도보를 이용하는 것이다. 버스와 전차 그리고 트롤리버스(무궤도 전차) 노선이 도시 전역을 연결하는데, 그 비용은 놀랍도록 저렴하다. 한 번 타고 이동하는 요금이 5원이라 모두가 저렴하게 이용할 수 있다. (현재 환율로 보면 미화 1달러는 대략 북한 돈 9천 원에 해당한다.) 세계에서 가장 깊고 화려한 전설적인 평양의 지하철 시스템은 2개의 노선과 17개의 역을 갖추고 있으며, 평양의 중서부를 돌아다니는 여행객들에게 여전히 인기가 많다. 대동강 밑에서 도시의 동부로 이동하는 노선은 없다. 오래전에 확장 계획도가 작성된 적은 있지만 말이다. 노선을 확장한다는 얘기가 종종 나오는데, 서부 지역에 새로운 역 몇 개가 곧 개통될 것이다. 하지만 이 글을 쓰는 시점을 기준으로 최근까지 운행 중인 역들은 1980년대에 지어진 것이다.

2012년부터는 평양에서 운행하는 택시와 택시 회사의 수가 뚜렷한 성장세를 보이며 엄청나게 증가해 왔다. 그 전에도 택시는 있었지만, 택시명이 쓰여 있지 않아 일정한 위치에서 기다리고 있는 것을 보거나 번호판 숫자를 식별하고서야 택시임을 파악했다. 이제는 요금을 낼 수 있는 중산층 승객을 위해 KKG와 고려항공 같은 회사들이 즉각 알아볼 수 있는 택시들을 평양시에서 운행하고 있다. 택시로 평양시를 가로지르는 승객은 대중교통 요금의 수천 배에 달하는 몇 달러를 지불하겠지만, 이런 요금을 낼 경제적 여력이 되는 시민들은 점점 늘고 있다.

하지만 이렇게 명백히 부르주아적인 교통 형태가 늘고 있음에도 불구하고, 여전히 출퇴근 시간에는 버스와 전차를 기다리며 길게 줄을 선 사람들을 흔히 볼 수 있다. 또한 당황스럽게도 포장도로 한복판에 배치된 자전거 전용 도로에서 자전거를 이용하는 사람들도 늘고 있다. (게다가 과거보다 더 좋은 자전거를 탄다.) 평양의 자전거 이용자들은 꽤 법을 준수하는 편이며, 도로의 교통이 어떠하든 상관없이 천천히 달리다가 교차로를 만나면 늘 자전거에서 내려온다. 그러고는 거리를 가로질러 가지 않고 보행자들이 다니는 지하도로 자전거를 끌고 내려간다.

롤러블레이드와 집단 퍼레이드

김일성광장은 평양의 지리적 중심이요, 도시가 확산하는 기점이다. 이곳에서는 최대 1백만 명의 시민과 군인이 참여하는 행진과 집회가 열리는데, 철저한 리허설을 거쳐 빈틈없이 조율되는 이 유명한 쇼는 광장 끝 (관람대 앞) 도로를 따라 정부 청사 건물들 주변에서 진행되고 광장과 대동강을 분리하는 방벽 뒤편에서 계속된다. 광장에 있는 이들은 미리 페인트 점을 찍어둔 지점에서 북한 고유의 배경막으로 활용할 수 있는 양면 플라스틱 꽃을 들고 서 있는데, 이를 통해 필요한 모든 메시지를 전달하거나 노동당의 상징 같은 모양을 만들어 내곤 한다.

이런 행사는 많은 외부인들이 생각하는 것만큼 자주 일어나지는 않는다. 연중 대부분의 기간에 이 광장은 그저 열린 공간으로 남아 있을 뿐이다. 하지만 자연은 빈 공간을 그대로 놔두지 않는다. 요즘에는 십여 년 전부터 유행해 온 롤러블레이드를 타는 어린이들을 흔히 볼 수 있다. 이것은 조직화된 활동이 아니라, 축하받을 만한 유기적인 활동이다. 김일성광장에서만 그런 것이 아니다. 평양시의 많은 열린 공간에서 스케이트를 탈 수 있다. 초기에는 대여소에서 스케이트를 빌려 타곤 했지만 이제는 많은 어린이들이

∧ 개선역

한 대동강 레스토랑 보트가 항해를 시작한다.

평양은 녹지 공간을 넉넉하게 확보하고 있다는 데서 자부심을 느끼는 도시인데, 동아시아의 수도 중 1인당 녹지 공간 면적이 가장 크다고 한다. 도시 주변에는 여가와 소풍, 무도회에 활용되는 작은 공원이 많이 있다. 관광객과 주민 모두가 흔히 찾는 주요 공원은 모란봉공원이다. (지하철역이 있어 쉽게 찾을 수 있고 주출입구에 관광버스용 주차장도 있다.) '평양팔경' 중 몇 개의 풍경을 품은 이곳은 청일 전쟁(1894-1895) 때의 대전투와 러일 전쟁(1904-1905) 때의 소규모 접전들이 일어난 곳이기도 하다. 선전 문구가 없는 몇 안 되는 장소 중 하나로, 오로지 휴식을 위한 공원이다. 국경일과 기념일에는 야외에서 도시락을 먹는 가족과 노동자 방문객들로 가득 찬다. 엄격한 질서를 따르는 삶의 제약에서 벗어나 한숨 돌리는 이 휴식의 시간이야말로 진정한 사회적 이벤트다. 모란봉공원은 이 도시에서 가장 진실한 형태의 공적 공간 중 하나다.

자신의 스케이트를 가지고 있다. 여유가 있는 이들에게 시간과 돈을 쓰도록 제안하는 다른 시설들도 공공장소에 출현해 왔다. (장난감 총을 갖춘) 사격장과 간이매점, 심지어 복권 판매소까지 모두 이용할 수 있는데, 이런 시설들은 원래 그런 활동을 목적으로 계획된 것이 아닌데도 불구하고 그렇게 쓰이고 있다. 그렇지 않으면 도시 계획이 이루어졌을 공간에서 말이다.

이러한 오락적 요소는 평양 시민들의 여가 활동을 위해서나 지방에서 온 사람들을 감격시키는 차원에서나 중요하다고 여겨진다. 평양에는 유명한 곡예단(교예극장), 네 군데의 유원지, 물놀이 휴양지, 돌고래 수족관, 그리고 아이스링크가 있다. 지난 십 년간 급증해 온 신축 시설은 동네 공원, 농구장과 배구장, (스케이트보드보다는 롤러블레이드를 타기 위한) 스케이트보드장이었는데, 이 모든 시설이 평상시에 사용되고 있다. 유일한 공식 '휴일'인 일요일에 주민들은 대동강으로 떼 지어 몰려간다. 14세기부터 시인들은 대동강에서 배를 타는 즐거움을 끊임없이 읊어 왔으며, 이 강은 역사적인 '평양팔경' 중 하나다. (평양팔경을 이루는 여덟 가지 풍경은 각각 하나의 입지와 하나의 활동을 결합한다.) 결혼식 하객들이 카메라 앞에서 포즈를 취하고, 젊은 커플들은 곧 부서질 듯한 보트 위에서 연애를 한다. 대동강 기슭에서는 2016년에 대동강맥주축제가 열렸고, 저녁이 되면 김일성광장 앞 물길에서 큼직

학교의 수업 시간은 일반적으로 오전 8시부터 오후 1시까지이며, 학생들은 매우 어릴 때부터 혼자 통학하는 경우가 많다. 외부인에게는 학생들에게서 전해 듣는 일상생활이 놀랍게 느껴질 수 있다. 다큐 영화 〈어떤 나라〉를 찍을 때 인터뷰한 한 여학생은 종종 오전에 결석하고 친구들과 모란봉공원으로 놀러간다고 했다. 집단생활은 조선민주주의인민공화국의 표준 규범이어서 모든 사람이 동아리에 소속되어 무용이나 노래, 카드놀이, 대화, 뉴스 읽기 등을 하는 모임에 나간다. 심지어 공공 공원처럼 철저히 휴식을 위한 장소에도 늘 정치적인 삶이 끼어든다. 도시는 외관상 확장 가능성이 잘 고려되어 있으며, 모든 신축 개발 단지에 녹지 공간이 마련된다. 가장 최근의 사례로는 만경대 지구에 마련된 화원을 들 수 있다.

도시 공간의 활용

이런 활동들은 공식적 차원과 비공식적 차원을 넘나들며 가용한 도시 공간을 활용한다. 지난 십 년간 도시 공간을 비공식적으로 활용하는 사례는 훨씬 더 흔해졌지만, 대부분은 인근 동네에서, 중심가 뒤편에 가려진 아파

시작하고 있기 때문이다.

평양은 시민들에게 적당히 미묘한 방식으로 혁명적 메시지를 주입하는 최고 권력의 중심지이기도 하지만, 사람들이 살면서 일하고, 학교에 가고, 휴식하고, 친구들과 잡담을 나누는 도시이기도 하다. 북한에서는 여전히 모든 것이 공식적으로 국가 소유이지만, 2002년에 이루어진 경제 개혁 조치는 (사회주의 거시 경제의 맥락 속에서) 사실상 민간 기업 형태를 정상화하기 시작했다. 이런 변화 속에서 평양시는 점점 더 외부인의 눈에 정상적인 도시 공간으로 이해되는 방식으로 기능하고 있다. 그 모든 사회적 소통 형식을 다양하게 수반하면서 말이다.

트 건물 사이의 중정에서 일어난 사례에 불과했다. 이러한 공적 공간과 준-공적 공간의 차이가 평양의 삶을 특징짓는 또 다른 요소다. 여성들은 겨우 최근에야 공적 공간에서 자전거를 탈 수 있게 되었으며, 지금도 주요 간선도로에서는 학생 자원봉사자들이 나서서 충분히 잘 차려입지 않은 사람들을 찾아내는 패션 경찰 역할을 한다. 하지만 준-공적 공간에서는 휴식과 잡담, 음주와 낚시를 즐기고, 편안한 복장으로 세상사에 관한 뒷말을 주고받으며 각자의 삶을 영위하는 사람들을 볼 수 있다.

그런 공간은 고추를 말리거나 카드놀이를 하거나 이웃과 잡담하는 용도로, 격의 없는 사회적 소통이 일어나는 곳이다. 하지만 그 주변부에서는 공식적 차원과 비공식적 차원이 만난다. 지역 공동체는 주거 블록과 지역을 유지 관리할 책임이 있으며, 유지 관리와 미화를 함께하는 노력은 각 동네마다 있는 위원회의 주도로 이루어진다. 최근에는 주민들이 길 가장자리에 풀을 심어 직접 손질하고 잡초를 뽑으며 유지 관리하는 경우가 많아졌다. 이런 삶의 일부분은 거의 눈에 띄지 않기 때문에 외부에서 온 방문객들은 흔히들 그런 모습이 여기에 없을 것이라고만 여긴다. 하지만 이런 가정은 평양의 시민들에게 대단히 폐가 되는 일종의 유아론적 사고방식에 지나지 않는다. 평양 사람들은 평양시의 중심가와 멀리 떨어진 곳에서 각자의 삶을

사회주의 낙원 건설하기

올리버 웨인라이트Oliver Wainwright

맑고 푸른 하늘 아래 내리쬐는 햇빛 속에서 두 개의 원통형 타워 꼭대기 위로 한 쌍의 연초록색 돔이 머리를 내민다. 타워들의 하단에서는 꽃잎 모양의 옥상이 돋보이는 상가가 기단을 이룬다. 좀 더 멀리 내다보면 또 다른 한 쌍의 기둥 형태가 반짝이며 서 있다. 모서리마다 총대를 주렁주렁 심은 것만 같은 이 정사각형 건물들은 위로 갈수록 가늘어지는 원뿔형 기단 위에서 마치 발사되길 기다리는 로켓들처럼 꼿꼿이 서 있다. 세 번째로 보이는 한 쌍의 타워들은 고대 신전의 기둥을 연상시키는 팔각형 모양이며, 구불구불한 리본 모양으로 이어지는 흰색 발코니들에 둘러싸여 있다. 이런 일련의 장면들은 몇 개 블록에 걸쳐 계속되는데, 특이한 형태의 건물 수십 채가 대칭적으로 배치되어 거대한 대로에 줄을 잇고 이러한 광경은 시야에서 흐릿해질 때까지 멀리 뻗어 나간다.

이 미래주의적인 광경은 여명거리의 모습이다. 이곳에서는 최대 70층에 이르는 타워형 아파트 5천 세대의 단지가 펼쳐지고, 드넓은 신축 대로에는 식당과 야채 가게, 약국 따위가 늘어서 있다. 이 모든 것이 최근까지만 해도 평양에서 거의 보기 힘들었던 장면이다. '여명'은 일출 또는 '조선 혁명의 동틀 무렵'이란 뜻으로, 이 거리는 금수산태양궁전과 여명교차로 사이에 위치한다. 김정은 위원장은 국제 사회의 제재에 반발하며 이 은둔 국가의 경제적 번영을 상징하기 위한 최첨단 대규모 도시 프로젝트로서 이곳을 조성했다.

이 프로젝트는 북한의 설립자이자 영원한 주석인 김일성의 105회 생일을 기념하여 2017년 4월에 준공되었다. 당시 외신 기자 200명을 초대한 준공식 연설에서 박봉주 내각총리는 "이 거리를 완공하는 것이 핵탄두 1백 개를 갖는 것보다 더 강력하다"고 말했다. 수만 명의 평양 주민들이 이 거리에 모였는데, 군복을 입은 사람도 있었고 전통적인 정장과 한복을 입은 사람도 있었다. 풍선과 플라스틱 조화, 북한 깃발을 손에 쥔 그들은 지도자가 연단에 오를 때 열광적으로 성원을 보냈다.

많은 외신 기자들이 이러한 현대적 구상에 놀라워했다. 태양 전지와 지열 난방, 녹화 지붕 및 벽체를 사용한다는 계획도 놀라웠거니와 여명거리는 김정은 위원장이 2012년 권좌에 올라 '강성대국' 정책을 도입한 이후 빠르게 추진해 온 여러 가지 야심 찬 프로젝트 중 하나에 불과했기 때문이다. 창전거리에는 동전을 불안정하게 쌓아올린 것처럼 번질번질한 원통형 타워들이 들어서 최대 47층에 이르는 건물 18개의 단지가 조성되었으며, 외교관들은 이곳에 '평해튼'이라는 별명을 붙였다. 예술가들을 위한 쌍둥이 주거 타워가 있고 그곳의 후퇴한 발코니들은 입면을 연청색의 나선형으로 감아 올라가면서 바닷가 암반의 경쾌한 나뭇가지 같은 모습을 만들어 낸다. 과학자들을 위해 특별히 지어진 신축 구역도 몇 군데 있는데, 복숭아색 블록의 은

하과학자거리와 은정지구의 위성과학자거리가 그 예다.

대동강변에 있는 평천지구에 위치한 미래과학자거리는 그 모든 과학자 거리 중 가장 화려한 개발 단지에 속하며, 위로 갈수록 가늘어지는 오렌지색과 초록색의 아파트 블록들이 특징이다. 블록들의 곡면 형태는 '한 지식인의 붓질'을 기초로 모델화한 것으로 보인다. 거리 끝에는 대형 파고다에서 영감을 받은 거대한 랜드마크 타워가 서 있는데, 꽃잎 모양의 바닥판들이 급격한 각도를 이루며 펼쳐지고 그 꼭대기에는 은색 나선을 두른 금색 공 모양의 조형물이 왕관처럼 들어앉아 있다. 먼 거리에서도 볼 수 있는 이 금색 조형물은 평양에서 가장 눈에 띄는 새로운 랜드마크 중 하나이며, 댄 데어Dan Dare(*1950년대에 삽화가 프랭크 햄슨이 만들어 낸 영국 공상 과학 만화의 주인공) 만화에 똑같이 등장할 법한 복고풍의 공상 과학 만화식 비전이다.

공식적으로 김정은 위원장의 개인적 조언에 따라 상부에서 지침을 내려보낸다고 이야기되는 이 모든 신축 프로젝트들은 조선민주주의인민공화국의 역사와 미래를 담아내면서 북한 고유의 국가적 정체성을 구현하려는 욕망을 명시적으로 드러낸다. 이 캠페인을 처음 시작한 것은 김정은 위원장의 아버지인 김정일 위원장인데, 그는 자신의 160쪽짜리 저서 『건축예술론』에서 새로운 국가 건설을 위한 원리를 정초했다.

그 책에서 김정일 위원장은 자기 나라와 자기 것이 최고라고 확신하는 건축가는 외국 것을 고려하거나 베끼지 않고 자국 인민에게 적당한 건축을 만들어 내기 위해 부단히 노력할 것이라고 했다.

6·25전쟁에서 미군의 폭격에 초토화되고 난 후에 이루어진 1950년대 평양의 재건 공사는 대부분 소련에서 훈련받은 건축가들이 수행했다. 이후 수십 년간 북한 지도부는 소련에서 들어온 외국 건축의 유산을 몰아내느라 여념이 없었다. 김정일 위원장은 『건축예술론』에서 전쟁 이후 어려운 시기에 북한 사람들은 처음부터 모든 것을 다시 시작했다고 서술한다. 수도 건설 부문으로 기어들어 온 사대주의자, 교조주의자, 반혁명 분자들은 외국식 설계를 기계적으로 채택하면서 자기들의 그릇된 관점을 주장했고 나라의 경제적 상황을 무시한 채 인민의 열망과 요구에는 귀를 막았다고 했다. 전후의 재건 공사는 자국 인민들의 관습과 정서에 어울리지 않는 (…) 유럽식 건물의 도시를 남겼다면서 말이다.

김정일 위원장은 '형태면에서 민족적이고 내용면에서 사회주의적'인 건설 프로그램을 시작함으로써 그의 아버지 김일성 주석의 주체사상 이데올로기를 구현했다. 이것은 확실히 김정은 위원장이 자신만의 독창적인 방식으로 이어 가길 간절히 원하는 유산이다. 김정은 위원장은 2016년에 출판한 건축 선언서인 『강성국가 건설을 위하여』에서 건축가들이 국가 정체성을 현대성과 적절히 결합하고 세계적 기준을 뛰어넘어 먼 미래에도 때 묻지 않고 남아 있을 기념비적 구조들을 비상한 속도로 짓기 위해 노력해야 한다고 명시한다. 시선을 확고히 미래에 고정한 채 그가 구현하는 새로운 세대의 건물들은 역사적 모티프들(팔각형 기둥 형태와 고대 파고다 등)을 취해 다양한 미래주의적 의상을 입히고, 첨단 기술의 수사학과 명명백백히 근대적인 재료를 활용한다.

색상은 이 새로운 건축 병기창의 핵심 요인이다. 김정일 위원장 체제하에 시작되어 김정은 위원장이 가속화한 프로그램의 일환으로, 평양 내의 칙칙한 콘크리트 건물 다수가 적갈색과 겨자색, 청록색, 보라색 분필로 칠한 듯한 파스텔톤 무지갯빛으로 채색되었고 실내는 사탕 색깔의 합성 마감재로 꾸며졌다. 보색 관계가 자주 전개되는데, 녹색과 자주색, 청색과 분홍색, 연어 살색과 검둥오리 색을 짝지음으로써 조선의 전통 한복에서 볼 수 있는 색상 대비처럼 풍부한 느낌을 자아낸다. 게다가 신축 타워의 외장재로 종종 쓰인 유광 도자기 타일은 추가적으로 윤택한 느낌을 더한다.

평양에 경제적 소비력을 갖춘 중산층이 늘어남에 따라 그들의 기호에 맞춘 레저 및 위락 시설도 더 야심 차게 신축되어 왔다. 대동강의 능라도에 들어선 인민유원지는 핑크빛으로 채색된 롤러코스터들과 미니 골프장, 수영장, 그리고 '리듬 타는' 이동식 좌석을 갖춘 4D 영화관을 완비했다. 그 중심에는 커다란 흰 돌고래처럼 생긴 놀라운 건물이 있는데, 이곳은 곱등어관(돌고래 수족관)이다. 여기서는 중국 돌고래들이 언제든 요구만 있으면 바닷물 수영장에서 튀어 올라 공중제비를 돌며, 바닷물은 100킬로미터 길이의 배관을 타고 펌프질되어 유입된다. 인근에 있는 문수물놀이장은 밝은색의 워터슬라이드와 파도 풀, 그리고 집합적인 피라미드형 유리 구조물들이 지붕을 이루는 실내수영장 두 곳으로 이루어진 단지다. 김정일 위원장의 실물 크기 밀랍 인형만 없었더라면 플로리다나 두바이라 해도 믿을 만한 곳이다. 로비 안에 인공적으로 꾸민 모래사장 위에 서 있는 김정일 위원장의 밀랍 인형은 그의 트레이드마크인 사파리 슈트를 입고 있다. 이러한 공상 과학 만화책 같은 기세는 과학기술전당(왼쪽 사진)에 이르러 정점에 도달한다.

^ 여명거리

이곳은 원자 모양으로 지어진 과학 기술 센터로, 전자들이 궤도를 도는 모양을 본떠 타원형의 날개 공간들이 광대한 유리 돔을 에워싸는 형태로 설계되었다.

최근에 김정은 위원장은 온통 분홍과 연파랑 색조로 칠해진 특화된 과학 도시와 수중 호텔을 갖춘 관광객 리조트 계획을 발표하면서 주체사상을 지향하는 당의 건축 개념을 철저하게 적용해 위대한 건설의 황금시대를 열고 온 나라를 사회주의 낙원으로 만들자고 하였다.

이전까지 이 나라의 지도자들은 건축으로 영원한 무게감이 느껴지는 도시를 지으려고 했지만, 김정은 위원장의 정책은 오히려 그런 무게감에서 벗어나려는 충동을 드러낸다. 그는 근심 걱정 없는 번영의 이미지를 투사하고자 다채로운 장난감 같은 건물들의 세계를 구축하려 하는 듯하다. 평양을 세계가 부러워하는 위풍당당한 지상 낙원으로 바꾸기 위해서 말이다.

고려관광사에 깊은 감사를 전합니다. 특히 창립자 니콜라스 보너의 경험과 노력, 수많은 인맥, 자료, 열정, 유머, 그리고 무엇보다 우정에 감사하며, 사이먼 카커렐, 애드리언 샌디포드, 제임스 밴필, 비키 모히든에게도 감사를 전합니다. 그들이 없었다면 이 프로젝트는 이루어지지 못했을 것입니다.
또한 평양에서 우리의 작업을 조직하고 관리해 준 조선도시연맹, 피코 아이어와 올리버 웨인라이트, 카렌 스미스, 리카르도 팔레치, 디나모 디지탈레, 그리고 템스 앤드 허드슨 팀에도 신세를 졌습니다.
끝으로 우리 가족과 더불어 우리를 응원하며 영감을 불어넣고, 아이디어를 제안하고, 수많은 초고를 검토하는 모든 과정에서 이 프로젝트에 기술적으로나 감성적으로나 깊이를 더해 준 모든 친구들, 마티아주 탄치치, 스테판 말레셰비치, 미란다 부카소비치, 니콜라 살라디노, 옐레나 프로코플리예비치, 조르자 체스타로, 네마냐 라도바노비치, 페데리코 루베르토, 다니엘레 다이넬리, 베아트리체 레안차, 팅-아이 차이, 그리고 가브리엘레 바탈리아에게 감사합니다. 그들에게 이 책을 바칩니다.

모델 시티 평양

2020년 8월 14일 초판 1쇄 인쇄
2020년 9월 10일 초판 1쇄 발행

지은이 | 크리스티아노 비앙키, 크리스티나 드라피치
옮긴이 | 조순익
발행인 | 윤호권 박헌용

책임편집 | 한소진
마케팅 | 조용호 정재영 이재성 임슬기 문무현 서영광 이영섭 박보영

발행처 (주)시공사
출판등록 1989년 5월 10일(제3-248호)

주소 | 서울시 서초구 사임당로 82(우편번호 06641)
전화 | 편집 (02)2046-2843 · 마케팅 (02)2046-2881
팩스 | 편집 · 마케팅 (02)585-1755
홈페이지 www.sigongart.com

MODEL CITY PYONGYANG

ISBN 978-89-527-4734-1 03540

파본이나 잘못된 책은 구입한 서점에서 교환해 드립니다.

이 도서의 국립중앙도서관 출판예정도서목록(CIP)은 서지정보유통지원시스템 홈페이지(http://seoji.nl.go.kr)와 국가자료종합목록 구축시스템(http://kolis-net.nl.go.kr)에서 이용하실 수 있습니다. (CIP제어번호 : CIP2020008812)

표지 사진: (앞) 2015년에 촬영한 유경호텔(건물 앞쪽 벽체는 이후 철거됨)
(뒤) 백두산건축연구원 입구 벽화

일러두기: 옮긴이 주는 *로 표시했다.